U0213721

国家中等职业教育改革发展示范学校建设项目成果系列教材
国家级高技能人才培训基地建设项目成果

计算机组装与维护

黄学文　何伟明　主编

廖德志　黄　炜　罗慧敏　副主编

科学出版社

北　京

内 容 简 介

本书采用项目式教学方式编写，通过具体的学习活动讲述了计算机组装、操作系统安装与配置、系统的维护与优化、机房计算机维护、计算机故障排除等内容。

本书可作为各类中等职业学校计算机网络技术、计算机信息技术专业的教学用书，也可作为计算机组装爱好者自学使用，还可作为计算机维修工作人员的查询用书。

图书在版编目（CIP）数据

计算机组装与维护/黄学文，何伟明主编. —北京：科学出版社，2015
（国家中等职业教育改革发展示范学校建设项目成果系列教材·国家级高技能人才培训基地建设项目成果）
ISBN 978-7-03-043986-4

Ⅰ. ①计… Ⅱ. ①黄…②何… Ⅲ. ①电子计算机－组装－中等专业学校－教材②计算机维护－中等专业学校－教材 Ⅳ. ①TP30

中国版本图书馆 CIP 数据核字（2015）第 062598 号

策划编辑：吕建忠 王君博
责任编辑：范文环/责任校对：柏连海
责任印制：吕春珉/封面设计：一克米工作室

科学出版社 出版
北京东黄城根北街 16 号
邮政编码：100717
http://www.sciencep.com
北京中科印刷有限公司 印刷
科学出版社发行 各地新华书店经销
*
2015 年 3 月第 一 版 开本：787×1092 1/16
2021 年 8 月第八次印刷 印张：14 3/4
字数：300 000
定价：42.00 元
（如有印装质量问题，我社负责调换〈中科〉）
销售部电话 010-62134988 编辑部电话 010-62138978-2001

版权所有，侵权必究
举报电话：010-64030229；010-64034315；13501151303

国家中等职业教育改革发展示范学校建设项目成果系列教材
国家级高技能人才培训基地建设项目成果

编 委 会

顾　问　张余庆

主　任　谭建辉

副主任　黄　琳　吴新欢

编　委　谢浪清　温汉权　何培森

　　　　张锐忠　陈振晖　丘建雄

前　言

编者计划编写一本基于工作过程的《计算机组装与维护》教材已有几个年头了。几年来，每当编者给学生讲授"计算机组装与维护"这门课程时，总因为缺乏一本能够反映该课程最新理论、方法和技术，又系统、简明的教材而忧虑。计算机科学发展速度迅猛，软、硬件更新相当快，但教材内容却与学科发展的距离越来越大，学生按照某些教材的内容进行学习，毕业后很难适应实际工作。

考虑到这种现状，编者计划采用工学结合的模式编写一本《计算机组装与维护》教材。在规划教材结构和内容时，编者特别注重以下三个方面：

第一，注重反映计算机组装学科领域的新理论、新方法和新技术；

第二，注重学科体系的完整性，本教材试图从对计算机的认知，到组装实践，到故障排除，再到跟踪服务等，全面介绍了计算机组装与维护的各项知识技能；

第三，注重基于工作过程，即项目的开展以一个计算机维护人员的实际工作流程为主线，贯彻始终，让读者能够参与到计算机组装与日常维护工作的各个过程。

本书共分为 5 章，由黄学文和何伟明担任主编，承担主要编写工作；由廖德志、黄炜、罗慧敏担任副主编；周振海、黄承、陈珍臻、高森、李伟波参与教材编写工作。感谢惠州市技师学院（惠州市高级技工学校）领导和老师的大力支持。惠州市玉峰电脑科技有限公司李伟波总经理参与了本书的编写和评审工作，在此一并表示感谢。

由于编者水平有限，书中不足之处在所难免，恳请读者批评指正。编者的电子邮箱是：181280734@qq.com。

编　者

2015 年 1 月

目　录

项目 1

台式机组装

学习活动 1.1 — 计算机发展历史

了解计算机发展的历程，认识每个阶段的发展过程，对计算机历史有一定的了解。

刚刚进入大学的王东同学要做一个关于计算机发展历史的 PPT，但是自己对计算机的发展历史不太了解，为了能够做好自己的 PPT，王东决定要好好了解一下计算机的发展历史。

针对王东同学的情况，我们为他准备了相关计算机发展历史，让他能够对计算机有一定的了解，以便他顺利地完成 PPT。

1. 什么是计算机

电子计算机（Computer）是一台实现高速运算的电子机器，由于它能作为人脑的延伸和发展，所以我们又把计算机称为电脑，它能够自动进行数值计算、信息处理、自动化管理等多个方面的工作。

2. 计算机的发展阶段

世界上第一台电子计算机是 1946 年由美国宾夕法尼亚大学研制成功的，名为ENIAC，重量 30t，占地面积约 170m^2，运算速度为 5000 次/s，如图 1-1 所示。

图 1-1 世界上第一台计算机

计算机的发展经历了四代，如表 1-1 所示。

表 1-1 计算机的发展过程

时代	时间	主要元器件	特征及应用
电子管时代	1946 年—1957 年	电子管	体积大，耗电量大，运算速度低，存储容量小，可靠性差；主要用于科学、军事和财务等方面的计算
晶体管时代	1958 年—1964 年	晶体管	软件配置开始出现，一些高级程序设计语言相继问世，外围设备也由几种增加到数十种。除科学计算以外，开始了数据处理和工业控制等应用
中、小规模集成电路时代	1965 年—1979 年	中、小规模集成电路	芯片上集成了几十个到几百个电子元件，使计算机的体积和耗电显著减少，计算速度、存储容量、可靠性有较大的提高。计算机应用进入许多科学技术领域
超大规模集成电路时代	1979 年至今	超大规模集成电路	芯片可以集成上千万到几亿个电子元件，使得计算机体积更小，耗电更少，运算速度提高到每秒几百万次，计算机可靠性也进一步提高，开始进入千家万户，应用于各行各业

目前计算机正向微型化、网络化、智能化、巨型化发展。

3. 计算机系统组成

计算机系统由计算机硬件系统和计算机软件系统两部分组成。

计算机硬件系统是物理上存在的实体，是构成计算机的物质基础。

计算机软件系统是我们通常所说的程序，是计算机上全部可运行软件的总和。

计算机系统的构成如下。

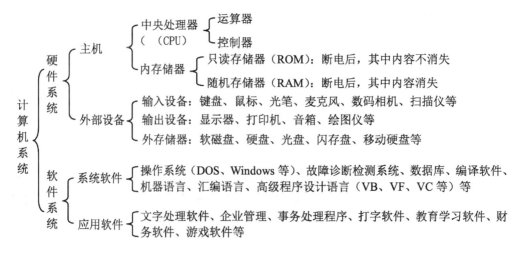

4．计算机主要性能指标

1）运算速度：是指计算机每秒钟所能执行的指令条数。一般用百万次/秒（MIPS）表示。

2）时钟频率（主频）：是指 CPU 在单位时间（秒）内发出的脉冲数，以 MHz 为单位，目前的计算机主频一般为：双核 2.4～3.6GHz，主频越高，则计算机运行速度越快。

3）内存（RAM）容量：目前的内存容量一般为：1GB、2GB、4GB，内存容量越大，计算机处理数据的速度越快。

5．微型计算机系统的基本配置

微型计算机系统的配置包括硬件配置和软件配置两部分。

（1）硬件基本配置

1）主板。主板也叫母板或系统板（Main Board、Mother Board、System Board），它是位于主机箱内底部的一块大型印制电路板，是计算机中最重要的部分。

2）中央处理器（CPU）。它是计算机的核心，CPU 的主频越高，则计算机速度越快。生产厂家主要有 Intel（英特尔公司）和 AMD 公司。

3）硬盘（Hard Disk 或 HDD）。它是计算机中最重要的存储设备之一，是计算机外部存储器。目前，主要硬盘接口有 IDE、SATA，硬盘的容量一般为 256GB、500GB、1TB、2TB 等。

4）显示卡。它也称为显示适配器，控制显示器的色彩数目以及显示器显示图像的速度。

5）显示器。它是计算机的标准输出设备，有 CRT 与 LED 显示之分。

6）光驱或刻录机。光驱（CD-ROM 或 DVD-ROM）：只能读取光盘中的信息；刻录机（CD-RW 或 DVD/RW）：不仅可以读取光盘中的信息，还能向光盘中写（烧录）入信息。刻录机上一般标有 CD/RW 或 DVD/RW 字样。

7）键盘。它是计算机的标准输入设备，一般有机械式和电容式，电容式键盘较好，手感好。

8）鼠标。它是计算机的主要输入设备之一，目前使用的鼠标主要是光学式，机械式鼠标已被淘汰。

9）打印机。用来打印输出计算机中的信息，通常按照生活习惯将打印机分为点阵式打印机、激光打印机和喷墨打印机。

（2）软件基本配置

它包括操作系统（如 Windows XP、Windows 7、Windows 8）、应用软件（如 Office 办公软件）、计算机杀病毒软件及网络通信软件等。

步骤 1　人员分组，制订计划，查阅资料，全面了解第一台计算机的相关资料，并对第一台计算机的资料做 PPT 展示。

步骤 2　自世界上第一台计算机诞生至今，计算机已进入我们生活的方方面面，发展非常迅速，大家分组讨论并归纳计算机经历了哪几个时代。对各时代的计算机就其主要电器元件、运算速度，主要应用等方面进行小组汇报。

步骤 3 大家对计算机都不陌生，那么，它是如何工作的？计算机工作原理是什么？

步骤 4 拆开一台台式计算机，识别其中主板的品牌，图 1-2 为部分主板品牌的 Logo，上网搜索各品牌主板的信息。

步骤 5 打开机箱，拆下各部件，识别 CPU 品牌，了解各种品牌、主频，并说出图 1-3 中所示的 CPU 品牌和型号。

步骤 6 识别拆下的存储设备，根据计算机硬件掌握计算机内存和硬盘的性能指标。

图 1-2 主板品牌举例

图 1-3 CPU 品牌及型号举例

一、填空题

1. ＿＿＿＿年，美国宾夕法尼亚大学研制成功了世界上第一台电子计算机＿＿＿＿，标志着电子计算机时代的到来。随着电子技术，特别是微电子技术的发展，依次出现了分别以＿＿＿＿、＿＿＿＿、＿＿＿＿和＿＿＿＿为主要元件的电子计算机。

2．计算机系统通常由＿＿＿＿＿和＿＿＿＿＿两大部分组成。

3．计算机软件系统分为＿＿＿＿＿和＿＿＿＿＿两大类。

4．中央处理器简称 CPU，它是计算机系统的核心，主要包括＿＿＿＿＿和＿＿＿＿＿两个部件。

5．计算机的外部设备很多，主要分成三大类，其中，显示器、音箱属于＿＿＿＿＿，键盘、鼠标、扫描仪属于＿＿＿＿＿。

6．计算机硬件和计算机软件既相互相依存，又互为补充。可以这样说，＿＿＿＿＿是计算机系统的躯体，＿＿＿＿＿是计算机的头脑和灵魂。

7．计算机硬件主要有＿＿＿＿＿、＿＿＿＿＿、＿＿＿＿＿、＿＿＿＿＿、＿＿＿＿＿和＿＿＿＿＿等。

8．按设计目的和用途可将计算机分为＿＿＿＿＿和＿＿＿＿＿；按综合性能指标可将计算机分为＿＿＿＿＿、＿＿＿＿＿、＿＿＿＿＿、和＿＿＿＿＿。

9．计算机常用的辅存储器有＿＿＿＿＿、＿＿＿＿＿、＿＿＿＿＿。

10．计算机的维护是指使微型计算机系统的＿＿＿＿＿和＿＿＿＿＿处于正常、良好运行状态的活动，包括检查＿＿＿＿＿、＿＿＿＿＿、＿＿＿＿＿、＿＿＿＿＿、＿＿＿＿＿等工作。

二、选择题

1．下面的（ ）设备属于输出设备。
　　A．键盘　　　　　B．鼠标　　　　　C．扫描仪　　　　　D．打印机

2．目前，世界上最大的 CPU 及相关芯片制造商是（ ）。
　　A．Intel　　　　　B．IBM　　　　　C．Microsoft　　　　　D．AMD

3．微型计算机系统由（ ）和（ ）两大部分组成。
　　A．硬件系统软件系统　　　　　　　B．显示器机箱
　　C．输入设备和输出设备　　　　　　D．微处理器电源

4．计算机发生的所有动作都是受（ ）控制的。
　　A．CPU　　　　　B．主板　　　　　C．内存　　　　　D．鼠标

5．下列不属于输入设备的是（ ）。
　　A．键盘　　　　　B．鼠标　　　　　C．扫描仪　　　　　D．打印机

6．下列部件中，属于计算机系统记忆部件的是（ ）。
　　A．CD-ROM　　　B．硬盘　　　　　C．内存　　　　　D．显示器

7．通常说一款 CPU 的型号是"奔腾 4 2.8GHz"，其中，"2.8GHz"是指 CPU 的（ ）。
　　A．外频　　　　　B．速度　　　　　C．主频　　　　　D．缓存

 **学习活动 1.2** | **计算机硬件的识别与选购**

了解计算机硬件的作用和基本规格，掌握计算机硬件的规格和配置识别方法，选购合适配件。

刚考入大学的王晓明，需要购买一台台式计算机，用于日常学习和娱乐，偶尔玩玩游戏。预算为 3000～4000 元。

根据王晓明同学的预算和要求，在购物网站和电脑城咨询各种产品的行情和技术规格，以确定配件的型号。

1. CPU 的性能

1）CPU 的性能指标：计算机的性能在很大程度上由 CPU 的性能决定，而 CPU 的性能主要体现在其运行程序的速度上。影响运行速度的性能指标包括 CPU 的工作频率、Cache 容量、指令系统和逻辑结构等参数。

2）主频：主频也称为时钟频率，常用单位有兆赫（MHz）和千兆赫（GHz），用来表示 CPU 的运算、处理数据的速度。通常，主频越高，CPU 处理数据的速度就越快。

外频是 CPU 的基准频率，单位是 MHz。CPU 的外频决定着整块主板的运行速度，绝大部分计算机系统中外频与主板前端总线不是同步速度的，而外频与前端总线（FSB）频率又很容易被混为一谈。

倍频系数是指 CPU 主频与外频之间的相对比例关系。在相同的外频下，倍频越高，CPU 的频率也越高。CPU 的主频=外频×倍频系数。

3）缓存：缓存大小也是 CPU 的重要指标之一，而且缓存的结构和大小对 CPU 速度的影响非常大，CPU 内缓存的运行频率极高，一般是和处理器同频运作，工作效率远远大于系统内存和硬盘。实际工作时，CPU 往往需重复读取同样的数据块，而缓存容量的增大，可以大幅度提升 CPU 内部读取数据的命中率，而不用再到内存或者硬盘上寻找，以此提高系统性能。但是，由于 CPU 芯片面积和成本的因素，缓存都很小。

L1Cache（一级缓存）是 CPU 第一层高速缓存，分为数据缓存和指令缓存。内置的 L1 高速缓存的容量和结构对 CPU 的性能影响较大，不过高速缓冲存储器均由静态 RAM 组成，结构较复杂，在 CPU 管芯面积不能太大的情况下，L1 级高速缓存的容量不可能做得太大。一般服务器 CPU 的 L1 缓存的容量为 32～256KB。

L2Cache（二级缓存）是 CPU 的第二层高速缓存，分内部和外部两种芯片。内部的芯片二级缓存运行速度与主频相同，而外部的二级缓存则只有主频的一半。L2 高速缓存容量也会影响 CPU 的性能，原则是越大越好，以前家庭用 CPU 容量最大的是 512KB，笔记本电脑中也可以达到 2M，而服务器和工作站上用 CPU 的 L2 高速缓存更高，可以达到 8M 以上。

L3Cache（三级缓存），分为两种，早期的是外置，内存延迟，同时提升大数据量计算时处理器的性能。降低内存延迟和提升大数据量计算能力对游戏都很有帮助。而在服务器领域，增加 L3 缓存在性能方面仍然有显著的提升。

2. 主板的性能指标

主板是一块 PCB（印制电路板），一般采用四层板或六层板。相对而言，为节省成本，低档主板多为四层板：主信号层、接地层、电源层、次信号层。而六层板则增加了辅助电源层和中信号层，因此，六层 PCB 的主板抗电磁干扰能力更强，主板也更加稳定。

1）主板结构：所谓主板结构，就是根据主板上各元器件的布局排列方式、尺寸大小、形状、所使用的电源规格等制定出的通用标准，所有主板厂商都必须遵循。

ATX 是市场上最常见的主板结构，扩展插槽较多，PCI 插槽数量为 4～6 个，大多数主板都采用此结构；主板的芯片组（Chipset）是主板的核心组成部分，几乎决定了这块主板的功能，进而影响到整个计算机系统性能的发挥。

2）硬盘接口：硬盘接口可分为 IDE 接口和 SATA 接口。在早期的主板上，多集成 2 个 IDE 接口。而新型主板上，IDE 接口大多缩减，甚至没有，取而代之的是 SATA 接口。

3）PS/2 接口：PS/2 接口的功能比较单一，仅能用于连接键盘和鼠标。一般情况下，鼠标的接口为绿色、键盘的接口为紫色。现大多数外部设备推出 USB 接口的外部设备产品在不久的将来被 USB 接口所完全取代的可能性极高。

3. 内存的性能

内存是计算机中的重要部件之一，它是与 CPU 进行沟通的桥梁。计算机中所有程序的运行都是在内存中进行的，因此内存的性能对计算机的影响非常大。内存（Memory）也被称为内存储器，其作用是用于暂时存放 CPU 中的运算数据，以及与硬盘等外部存储器交换的数据。

1）频率：内存主频和 CPU 主频一样，习惯上被用来表示内存的速度，它代表着该内存所能达到的最高工作频率。内存主频是以兆赫（MHz）为单位来计量的。内存主频越高，在一定程度上代表着内存所能达到的速度越快。

2）内存类型：DDR1、DDR2、DDR3。DDR3 内存已成为主流，频率有 DDR3 1066、

DDR3 1333、DDR3 1600、DDR3 1800、DDR3 2000 和 DDR3 2133。

3）容量：内存容量单位通常为千兆字节（GB），内存的容量同硬盘的容量计算方法是一样的，主流的内存为 2GB，4GB，8GB。

$1KB=1024B=2^{10}$ 字节

$1MB=1024KB=2^{20}$ 字节

$1GB=1024MB=2^{40}$ 字节

$1TB=1024GB=2^{50}$ 字节

4．硬盘的性能

硬盘是计算机主要的存储媒介之一，由一个或者多个铝制或者玻璃制的碟片组成。碟片外覆盖有铁磁性材料。硬盘有固态硬盘（SSD，新式硬盘）、机械硬盘（HDD，传统硬盘）、混合硬盘（HHD，一块基于传统机械硬盘诞生出来的新硬盘）。

硬盘的性能指标如下。

1）容量：硬盘的容量以兆字节（MB/MiB）、千兆字节（GB/GiB）或百万兆字节（TB/TiB）为单位，而常见的换算式为 1TB=1024GB，1GB=1024MB 而 1MB=1024KB。硬盘厂商通常使用的是千兆字节（GB），1GB=1000MB。因此，我们在 BIOS 中或在格式化硬盘时看到的容量会比厂家的标称值要小。

2）转速：转速（Rotational Speed 或 Spindle speed）是硬盘内电机主轴的旋转速度，也就是硬盘盘片在一分钟内所能完成的最大转数。转速的快慢是标示硬盘档次的重要参数之一，它是决定硬盘内部传输率的关键因素之一，在很大程度上直接影响到硬盘的速度。家用普通硬盘的转速一般为 5400r/min、7200r/min，现有公司已经发布了 10000r/min 硬盘。

3）平均访问时间：平均访问时间（Average Access Time）是指磁头从起始位置到到达目标磁道位置，并且从目标磁道上找到要读写的数据扇区所需的时间。平均访问时间体现了硬盘的读写速度，它包括硬盘的寻道时间和等待时间，即平均访问时间=平均寻道时间+平均等待时间。

4）平均寻道时间：平均寻道时间（Average Seek Time）是指硬盘的磁头移动到盘面指定磁道所需的时间。这个时间当然越小越好，硬盘的平均寻道时间通常在 8～12ms，而 SCSI 硬盘则应小于或等于 8ms。

5）等待时间：等待时间又称为潜伏期（Latency），是指磁头已处于要访问的磁道，等待所要访问的扇区旋转至磁头下方的时间。平均等待时间为盘片旋转一周所需时间的一半，一般应在 4ms 以下。

6）传输速率：传输速率（Data Transfer Rate）是指硬盘读写数据的速度，单位为兆字节每秒（MB/s）。硬盘数据传输率又包括了内部数据传输率和外部数据传输率。内部数据传输率反映了硬盘缓冲区未用时的性能。内部数据传输率主要依赖于硬盘的旋转速度。外部数据传输率也称为突发数据传输率（Burst Data Transfer Rate）或接口传输率，它标称的是系统总线与硬盘缓冲区之间的数据传输率，外部数据传输率与硬盘接口类型和硬盘缓存的大小有关。Serial ATA 1.0 的数据传输率将达到 150MB/s，Serial ATA 2.0 的数据传输率将达到 300MB/s，SATA3.0 的数据传输率将达到 600MB/s 的最高数据传输率。

7）缓存：缓存（Cache Memory）是硬盘控制器上的一块内存芯片，具有极快的存取速度，它是硬盘内部存储和外界接口之间的缓冲器。

目前市场上主要的硬盘厂商有希捷（Seagate）、西部数据（Western Digital）、三星（SAMSUNG）、HGST（原日立）及东芝等主要品牌。

5. 显卡的性能

显卡全称显示接口卡（Video Card，Graphics Card），又称为显示适配器（Video Adapter）或显示器配置卡，是计算机最基本的配置之一。显卡的用途是将计算机系统所需要的显示信息进行转换驱动，并向显示器提供数据信号，控制显示器的正确显示。

显卡的性能指标如下。

1）显示芯片（芯片厂商、芯片型号、制造工艺、核心代号、核心频率、SP 单元、渲染管线、版本级别）。

2）显卡内存（显存类型、显存容量、显存带宽（显存频率×显存位宽÷8）、显存速度、显存颗粒、最高分辨率、显存时钟周期、显存封装）。

3）技术支持（像素填充率、顶点着色引擎、3D API、RAMDAC 频率）。

4）显卡 PCB（PCB 层数、显卡接口、输出接口、散热装置）。

5）独立显卡接口有 AGP 和 PCI-E 接口。

很多人在了解显卡的时候，看到复杂的显卡参数，瞬间就会感到压力，其实要清楚显卡的性能定位，了解显卡的参数是直接的方法。

显卡参数主要有流处理器数量、显存位宽、频率、光栅处理单元等。下面我们对比一下市面上主流的两块显卡的参数规格，如表 1-2 所示。

表 1-2　AMD 显卡主要参数对比

显卡产品	AMD HD6770	AMD HD6850	AMD HD7850	AMD HD7950
架构	Juniper XT	Barts	Pitcairn Pro	Pitcaim XT
流处理器	800	960	1024	1280
光栅单元	16	32	32	32
制作工艺	40nm	40nm	28nm	28nm
核心频率	775MHz	775MHz	860MHz	1000MHz
显存频率	4800MHz	4000MHz	4800MHz	4800MHz
显存容量	1GB	1GB	2GB	3GB
显存位宽	128b	256b	256b	384b
参考价格	599 元	899 元	1499 元	2499 元

1. 计算机硬件识别

一台现代计算机的各部件都已经标准化，各厂商的部件都有统一的接口。找一套完整的计算机，一一识别各硬件部分的名称，一台完整的计算机应包括 CPU（Central processing unit）、内存（Memory）、主板（Mainboard）、硬盘（Hard disk）、显卡，也叫显示适配器（Graphics card）、声卡（Sound card）、网卡（Network interface card）、光盘驱动器，简称光驱（Laser disc drive）、鼠标键盘（Mouse & Keyboard）、显示器（Monitor或 Display）、音箱（Speaker）、机箱电源（Mainframe box & Switching power supply）。

图 1-4 中展示的计算机各部件的名称，你能说出它们的名称是什么？

图 1-4　计算机各部件的名称

2. 计算机主要部件的选购

（1）CPU 的认识与选购

认识 CPU 的厂商、型号、性能指标和接口类型，并能根据客户需求选购符合要求的 CPU。

（2）主板的认识与选购

认识主板并说出主板的厂商、主板的型号、主板的结构和类型，并能根据客户需求选购符合要求的主板。

（3）内存的认识与选购

认识内存的厂商、型号、性能指标和接口类型，并能根据客户需求选购合适的内存。

（4）硬盘的认识与选购

认识硬盘的厂商、型号、性能指标、跳线设置和接口类型、并能根据客户需求选购合适的硬盘。

（5）显卡的认识与选购

认识显卡的厂商、性能指标和接口类型，并能根据用户需求选购合适的显卡。

（6）模拟装机，根据客户需求，自行选购配件装机

根据客户的需求，该客户平时要玩 3D 游戏和运行 3D 软件，公司小王给出了一份计算机配置单，如表 1-3 所示。

表 1-3　计算机配置单 1

序号	配置	品牌型号	数量	单价	备注
1	CPU	Intel 酷睿 i5 4670K	1	￥1450	
2	主板	微星 B85-G43 GAMING	1	￥899	
3	内存	金士顿骇客神条 8GB DDR3 1866（KHX1866C9D3K2/8GX）	1	￥499	
4	硬盘	希捷 Desktop 1TB 7200 转 8GB 混合硬盘（ST1000DX001）	1	￥500	
5	显卡	影驰 GTX760 四星大将	1	￥1799	
6	机箱	鑫谷战机 C	1	￥199	
7	电源	鑫谷 GP600G 黑金版	1	￥299	
8	散热器	九州风神玄冰 400	1	￥109	
9	显示器	AOC I2369V	1	￥959	
10	鼠标	罗技 G502 游戏鼠标	1	￥479	
11	键盘	i-rocks IK3-WE 游戏键盘	1	￥149	
合计				￥7341	

　　根据客户的需求，主要是购置一套办公用的计算机，公司小王给出了一份计算机配置单，如表 1-4 所示。

表 1-4　计算机配置单 2

序号	配置	品牌型号	数量	单价	备注
1	CPU	Intel 酷睿 i3 4130（盒）	1	￥699	
2	主板	华硕 B85M-G	1	￥639	
3	内存	威刚 4GB DDR3 1600（万紫千红）	1	￥235	
4	硬盘	希捷 Barracuda 1TB 7200 转 64MB 单碟（ST1000DM003）	1	￥355	
5	机箱	先马奇迹 3	1	￥99	
6	电源	航嘉冷静王加强版	1	￥150	
7	显示器	AOC E2370SD	1	￥799	
8	键鼠装	罗技 MK260 键鼠套装	1	￥120	
9	音箱	漫步者 R101V	1	￥119	
合计				￥3215	

思考与练习

1. 计算机有哪些种类？各有什么特点？

2. CPU 有哪些性能参数？

3. 简述主板的选购方法。

4. 内存条有哪些种类？各类内存有哪些工作频率？

5. 试计算标准容量为 250GB 的硬盘在操作系统中显示的大小。

6. 通过 www.pconline.com.cn 太平洋网站，掌握当前市场上主要的计算机有哪些品牌，各品牌的 Logo，每人搜索两个品牌，由组长进行汇总汇报。

学习活动 1.3 | 硬件组装与连接

掌握计算机硬件组装的过程，掌握硬件组装的要领以及组装时的注意事项。

王冬需配置一台计算机，亲自到电脑城采购好各个部件，准备自行安装一台计算机主机。

计算机主机是硬件组装的核心，根据购买的配件组装计算机主机。

1. 组装需要工具

作为一名计算机组装与维修的技术员，需准备必要的工具，常见的工具有十字螺丝刀；导电铜环一个，用于放掉身体自带的静电，防止因静电击穿芯片；尖嘴钳，用于安装主板铜柱的螺丝等；镊子，可用于夹取掉落到机箱死角的物体，也可以用来设置硬件上的跳线；硅脂又称散热胶，可涂抹在 CPU 上，用于 CPU 散热。

2. 装机注意事项

1）组装计算机要在平整的操作台上进行，以防空间不够而发生硬件掉落而损坏等。

2）清除身体上的静电，防止人体所带的静电而击穿芯片。

3）注意主板不要裸露地置于金属平面上。

4）连接各部件时，要注意方向。

5）对各个部件要轻拿轻放，特别是 CPU、硬盘等部件，以防损坏。

6）注意安装和拆卸时不要用力过猛，以防用力过猛时损坏部件。

7）注意部件固定时粗细牙之分，在拧紧螺丝时，力度要适当，防止拧得太紧会使主板或其他硬件变形导致计算计算机不能正常工作或产生故障。

3. 安装流程

1）检查部件，组装一台计算机应有的主要配件是否齐全。

2）认真阅读说明书。

3）清除身体上的静电。

4）将主板放置在平整的桌面上，安装 CPU、CPU 风扇及内存条。

5）在机箱中安装计算机电源。

6）在合适的位置安装好主板固定螺柱和主板固定胶粒。

7）安装主板背板。

8）安装主板到机箱中，并用螺帽固定。

9）连接主板电源线，连接机箱面板上的开关、指示灯，复位开关等。

10）安装显示卡、声卡，如集成显卡和声卡要省略这一步。

11）安装硬盘、光驱并连接数据线和电源线，有些机箱，若先安装内存，还必须先拆下内存才能安装硬盘。

12）开机前最后检查和机箱内部清理。

13）连接显示器、鼠标、键盘。

14）加电测试，如有故障应及时排除。

1. 认识主板上的主要接口

主板上的接口很多，主要的一些接口位置及名称如图 1-5 所示。

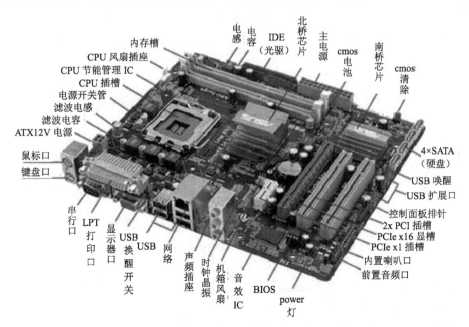

图 1-5 主板图解

2．CPU 及 CPU 风扇的安装

步骤 1 取出主板上的 CPU 插槽的挡盖，如图 1-6 所示。

步骤 2 拉起 CPU 的插槽拉杆，扳起 CPU 盖板，如图 1-7 所示。

步骤 3 CPU 上的金山角标记与插座上的金三角一致，或将 CPU 的定位标记与插座上的定位标记一致，以防插反，如图 1-8 所示。

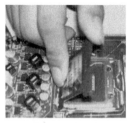  

图 1-6　取出 CPU 挡盖　　　　图 1-7　扳起 CPU 盖板　　　　图 1-8　对准定位标记

步骤 4 将 CPU 与插座对准，小心放入，放下 CPU 盖板，如图 1-9 所示。

步骤 5 放下 CPU 盖板，放下拉杆，固定住 CPU，如图 1-10 所示。

步骤 6 对准散热器固定位置安装好 CPU 风扇，风扇底部没有散热硅脂时，还必须在 CPU 表面均匀涂抹散热硅脂，如图 1-11 所示。

图 1-9　放下 CPU 盖板　　　　图 1-10　锁定 CPU　　　　图 1-11　安装 CPU 风扇

3．内存条的安装

现市面上常见的内存条主要是 DDR 内存，我们在安装内存条时，要仔细观察金手指上缺口的位置，防止装反，装反会烧坏内存和主板。

掰开内存插槽两侧的内存固定卡，将内存条按正确的方向插入内存插座，双手均匀用力，直至两边的固定卡紧固内存，这时可以听到内存固定卡复位的"咔"声，如图 1-11 所示。

4．安装主板

主板又叫主机板（Mainboard）、系统板（Systemboard）或母板（Motherboard）；它安装在机箱内，是微机最基本的也是最重要的部件之一，主板安装是否到位，也会影响到其他配件的正常使用。主板按尺寸可分为：大板：ATX、Mini ATX、XL-ATX、非标准 E-ATX；小板：MATX、μATX、FlexATX；迷你板：ITX（包括 Thin-ITX）；超大板：标准 E-ATX、EE-ATX、HPTX、WTX。

步骤 1 安装主板铜柱，根据主板孔位在机箱对应的位置安装铜住，一般需要安装 6 颗，不能直接将主板安装在机箱上，如图 1-12 所示。

步骤 2　安装主板背板，将背板光面朝外，从里往外安装，注意方向，如图 1-13 所示。

步骤 3　安装主板，将主板安装在机箱内，并打上主板螺钉，如图 1-14 所示。

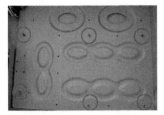
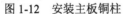

图 1-12　安装主板铜柱

图 1-13　安装主板背板

图 1-14　安装主板

5. 光驱的安装

步骤 1　拆下机箱前面板中一块 5.25 英寸（1 英寸=2.54 厘米，下同）挡板，将光驱从机箱前面板推入槽位，如图 1-15 所示。

步骤 2　推至与机箱前面板相平的位置，在光驱两边上好螺钉固定，如图 1-16 所示。

6. 硬盘的安装

将硬盘正面朝上并从机箱中插入硬盘安装槽位，如图 1-17 所示。

图 1-15　安装光驱

图 1-16　打螺钉

图 1-17　安装硬盘

7. 数据线及电源线的连接

步骤 1　主板电源插头的连接。

早期 ATX 主板电源插座为 20 针，现行的 P4 的主板电源插座为 24 针，如图 1-18 所示。厂家为了方便对两种主板的连接，将主板电源插头 24 针是由 20 针和 4 针拼接而成，如图 1-19 所示。同时，因为 CPU 功率比较大，原 24 针主板电源供电不足，ATX 电源设计了一组 12V 电压的 4 针 CPU 专用供电插头，如图 1-20 所示。在主板上找到 4

主板上的 24 针电源插座

24 针电源供电插头

将电源插头插入主板电源插座

连接主板电源线

图 1-18　24 针主板

图 1-19　20 针主板和 4 针拼接头

针插座，插入即可，如图 1-21 所示。部分主板为 8 针的电源插座，如图 1-22 所示，因插槽做了定位设计，我们找到相应的位置插入即可。部分电源也提供 8 针的电源插头。

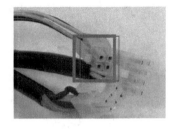  

图 1-20　CPU 专用 4 针供电插头　　图 1-21　4 针插头对接　　图 1-22　8 针电源插座

步骤 2　硬盘、光驱数据线及电源线的连接。

硬盘、光驱接口分为 IDE，SATA 两种规格，如图 1-23 所示。IDE 接口硬盘也是我们俗称的并行规格 PATA 硬盘，传输规范有 ata/100 和 ata/133 两种，通常为 80-pin 数据线。SATA 接口有 SATA1.0/2.0/3.0 之分，传输率理论值分别达到 150MB/s，300MB/s，600MB/s，两种数据线如图 1-24 所示。

两种规格的电源线接口也不一样，IDE 与 SATA 硬盘电源接头如图 1-25 所示。

 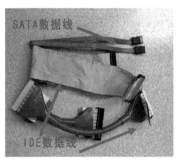 

图 1-23　IDE 与 SATA 接口　　图 1-24　两种数据线　　图 1-25　对应的电源接头

1．在组装过程中如何减少静电的危害？
2．简述主板、CPU 的安装方法。
3．简述组装的一般顺序。

学习活动 1.4　前置面板线及 USB 线路连接

掌握前置面板的连接。

情景引入

王晓明家里计算机的主板损坏了，无法维修，只能报废。他买了一块主板，更换原来的主板，主板已经固定到机箱中，现需要将前置面板连接线连接到主板上。

情景分析

前置面板连接线连接到主板可以方便使用，提供机箱前面的 USB 接口和音频接口。

相关知识

机箱电源接线与跳线的设置方法，这也是很多入门级用户非常头疼的问题。如果各种接线连接不正确，计算机则无法正常启动；特别需要注意的是，一旦接错机箱前置的 USB 接口，事故是相当严重的，极有可能烧毁主板。由于各种主板与机箱的接线方法大同小异，这里笔者以一块 Intel 平台的主板和普通的机箱为例，将机箱电源的连接方法通过图片形式进行详细的介绍。由于目前大部分主板都不需要进行跳线的设置，因此这部分不作介绍。

1. 面板线的连接

开关键、重启键是机箱前面板上不可缺少的按钮，电源工作指示灯、硬盘工作指示灯、前置蜂鸣器需要我们正确地连接。另外，前置的 USB 接口、音频接口以及一些高端机箱上带有的 IEEE 1394 接口，也需要我们按照正确的方法与主板进行连接。

（1）前置面板线

机箱前置面板一般有 5 根线，它们分别如表 1-5 所示。

表 1-5　机箱前置面板接口

接　头	简写形式	意　义
POWER SW	PSW，ON/OFF，POWER BIN	电源开关
POWER LED	P-LED，LED	电源指示灯
H.D.D. LED	H-LED，D-LED，IDE-LED	硬盘指示灯
RESET SW	RST	复位开关
SPEAKER	SPK	扬声器

我们可以通过查看主板说明书或主板上图示对照连接，注意区别正负极，5根连接线中的POWER SW（开关）和RESET SW（复位开关）可不区分正负极。现在的主板上通常用不同的颜色区分不同接口，并在接口上标示出该接口的正极，如果没有标示出正负极，可以按字母书写顺序，开头的位置为正极。

（2）USB数据线

为了方便我们连接USB设备，机箱前置面板上都有USB接口，在安装主板时，USB线需找到相应的插口，将USB数据线按正确的顺序进行连接，主板上USB接口通常为9针接口，如图1-26所示。面板前USB数据线每组为4根，分别为红线，电源正极VCC；白线，负电压数据线USB-；绿线，正电压数据线USB+；黑线，接地GND，将4根线按照红、白、绿、黑线的顺序排列，将VCC接在第1根针的接口上，依次连接即可。现在许多机箱都采用模块设计，按正确的方向插入USB接口即可。主板USB接口、USB数据线上的字符标识简写如表1-6所示。如果前置USB线连接错误，轻则在接入USB设备（如闪存盘）时烧毁设备，重则接通电源即将主板烧毁。

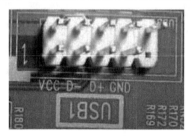

图1-26　主板上的USB接口

表1-6　主板USB接口、USB数据线上的标识简写

接　头	主板和接头上的字符标识	意　义
VCC	VCC、+5	+5V电源线，为USB接口供电
USB -	DATA-、D-、Port-、P-、USB-	负电压数据线USB-
USB+	DATA+、D+、Port+、P+、USB+	正电压数据线USB+
GND	Ground、GND、⊖	地线

（3）音频数据线

为了方便连接耳机、话筒设备，在机箱前置的音频接口上，内部通过7个插头与主板上相应的插针进行连接。在机箱前面板插头上，都标注了相应的英文字符，如图1-27所示，我们可以查看主板自带的说明书，与主板上相应的插针进行正确连接。前置的音频接口一般为双声道，L表示左声道，R表示右声道。其中MIC为前置的话筒接口，对应主板上的MIC，HPOUT-L为左声道输出，对应主板上的HP-L或Line out-L（根据采用的音频规范不同，如采用的是ADA音效规范，则接HP-L，下同），HPOUT-R为右声道输出，对应主板上的HP-R或Line out-R，按照分别对应的接口依次接入即可，如图1-28所示。

G
HPOUT R
MIC
HPOUT-R
HPOUT-L
HPOUT L
MIC

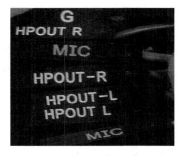

图 1-27 机箱前面板插头

话筒输入（MIC IN）
地线（GND）
话筒电源（MIC POWER）
面板右声道输出
（LINE OUT FR）
面板右声道返回
（LINE OUT RR）
面板左声道输出
（LINE OUT FL）
面板左声道返回
（LINE OUT RL）
1
2
3
4
5
6
7
8
9
10

图 1-28 音频接口

2. 电源与数据线的连接

（1）主板电源线的连接

电源与主板的连接就比较简单了。在主流的主板上，都会有两个接口，一个是 24PIN 的主板供电接口，如图 1-29 所示，另一个是 4PIN/8PIN 的 CPU 供电接口，如图 1-30 所示，我们只要将这两个接口正确与电源连接即可。在一些主板上，还会提供一个梯形的显卡供电接口，如果有直接与电源的梯形口连接即可，如图 1-31 和图 1-32 所示。

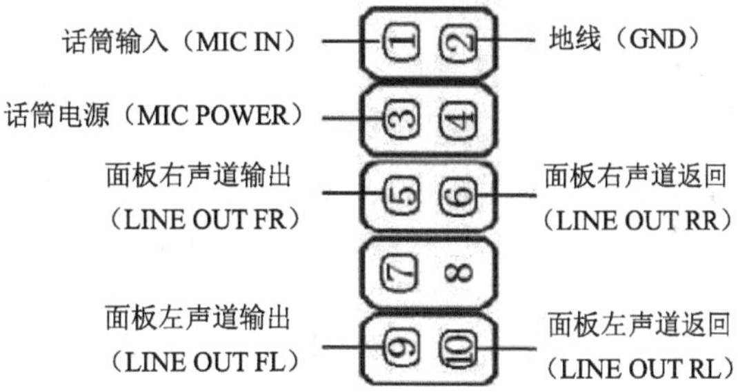

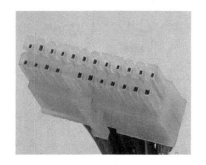

图 1-29 24PIN 主板供电接口

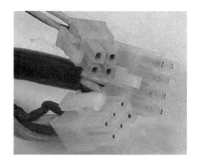

图 1-30 4PIN/8PIN 主板供电接口

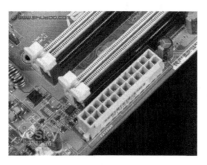

图 1-31 24PIN 主板供电插槽

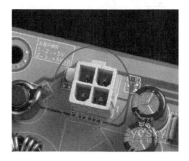

图 1-32 4PIN 处理器供电插槽

由于电源 24PIN 插头采用了防插反式的设计，方向不对无法插入，因此大家只要看好卡扣的位置，正确插入即可。电源上的 4PIN/8PIN/6PIN 插头，其中 4PIN/8PIN 为处理器的供电插头，根据主板上 CPU 供电接口的不同进行选择。6PIN 为显卡供电插头，在一些高端的显卡上会有这样的插头，我们只需要根据自己平台的实际情况选择不同的插头插入相应位置即可。

（2）SATA 设备的连接

SATA 串口由于具备更高的传输速度渐渐替代 PATA 并口成为当前的主流，目前大部分的硬盘都采用了串口设计，由于 SATA 的数据线设计更加合理，给我们的安装提供了更多的方便。接下来认识一下主板上的 SATA 接口。图 1-33 所示是主板上提供的 SATA 接口，该接口对应的数据线如图 1-34 所示。

SATA 接口的安装也相当简单，接口采用防插反设计，方向反了根本无法插入，细心的用户仔细观察接口的设计，也能够看出如何连接。另外需要说明的是，SATA 硬盘的供电接口也与普通的四针梯形供电接口有所不同，图 1-35 是 SATA 供电接口。

图 1-33　主板上的 SATA 接口　　图 1-34　SATA 接口对应的数据线　　图 1-35　SATA 供电接口

步骤 1　台式机的组装，根据提供的计算机配件，正确组装一台计算机，并能正确连接各数据线。

步骤 2　提供不同的主板，组织学生进行数据线、面板线、USB 数据线及音频线的连接比赛。

1．前置面板提供哪些连接线？请举例说明。

2．前置 USB 线连接错误会出现哪种后果，请写出 USB 数据线的连接顺序及各接头的意义，并举例说明。

3．计算机硬盘接口有哪几种？现在主流的硬盘数据线接口是哪一种？

项目 2

操作系统安装与配置

 **学习活动 2.1** | 计算机开机信息

 **活动目标**

了解计算机开机画面信息，掌握计算机显卡信息，主板型号，BIOS 版本，CPU 型号频率、外频及倍频，硬盘接口、型号容量，内存大小等，对计算机硬件有初步了解。

 **情景引入**

计算机用户打电话来询问如何解决他的计算机故障。对此，我们都会尽力为他们解答这些问题。可是，在解答的过程中，我们双方往往都会为这样一种情况所困惑——客户不清楚自己计算机的故障现象；或者，他们根本就不清楚自己计算机的配置。毕竟谁都不是天生的计算机高手，不可能每一个使用者必须了解它的方方面面。其实，掌握了开机画面信息，对解决计算机故障会有很大的帮助。

 **情景分析**

计算机开机画面信息都基本一致，首先要了解计算机开机过程，掌握计算机 CPU、内存、硬盘、光驱等信息，掌握使用的计算机基本硬件信息。

相关知识

1. BIOS 厂商

目前，常见 BIOS 的厂商主要有 American Megatrends，Inc。AMI，美国安迈，图 2-1 为 AMI BIOS 芯片，图 2-2 为 AMI 开机界面；Award（惟尔科技，后来与 Phoenix 于 1998 年 9 月并购），图 2-3 为 Award BIOS 芯片，图 2-4 为 Award 开机界面；Phoenix Technologies

（美国凤凰科技），如图 2-5 所示；Phoenix BIOS 芯片，如图 2-6 所示；Phoenix 开机界面；无论是以研发根基深厚、开机速度快捷闻名的 AMI BIOS，还是台式机（尤其主板）较为常见的 Award BIOS，以及笔记本电脑中最常见的 Phoenix BIOS，这 3 家 BIOS 系统软件公司的 BIOS，在全球 BIOS 的占有率绝对是最高的。

图 2-1　AMI BIOS 芯片

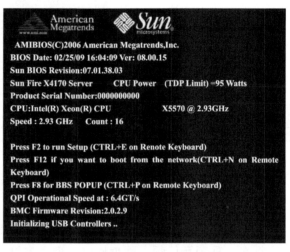

图 2-2　AMI 开机界面

图 2-3　Award BIOS 芯片

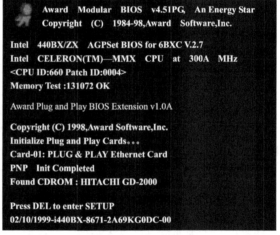

图 2-4　Award 开机界面

2. 开机界面及主要信息

绝大多数计算机开启电源开关之后的第一个画面（有些显示器由于信号同步时间较长，可能会导致看不到这个画面）。此时计算机处于最初的启动状态，我们可以看到关于显示卡的详细信息，显卡信息的画面大概只能在屏幕上停留 5 秒，接着出现的第二个画面就复杂一些了，它比第一个画面包含了更多的硬件信息。由于这个画面在屏幕上停留的时间也不长，因此，如果想把这些信息看个清清楚楚，可以按下 Pause 键。这样屏幕图像可以静止，直到按下任意键为止。有时如果不好控制，我们可以在 BIOS 中打开

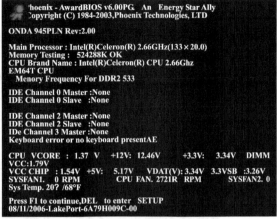

图 2-5　Phoenix BIOS 芯片　　　　　　　　图 2-6　Phoenix 开机界面

软驱或断开键盘，系统在自检时自动停止，并在屏幕下方提示"Press F1 to continue，DEL to enter SETUP"并停止。具体如图 2-7 所示。

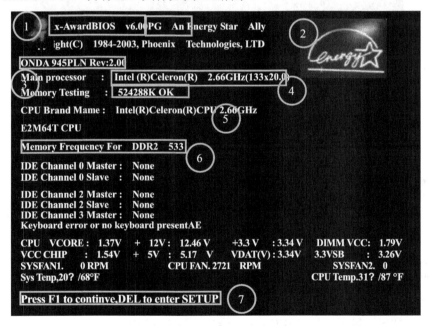

图 2-7　开机界面

以上以 Intel 的 CPU 为例，说明开机界面信息。可看出如下信息：①BIOS 芯片厂商；②BIOS 版本；③芯片组信息；④CPU 主频，外频和倍频；⑤内存容量；⑥内存工作频率；⑦主板 BIOS 日期及生产批次。

> **说　明**
>
> 　　有些主板在内存容量后面有个"+"号，后面有个数据，这个数据表示显存大小，表示要借用内存容量来作为显的容量，同时，也表示这块主板是使用板载显卡，无独立显卡，如图 2-8 所示的"64M"。

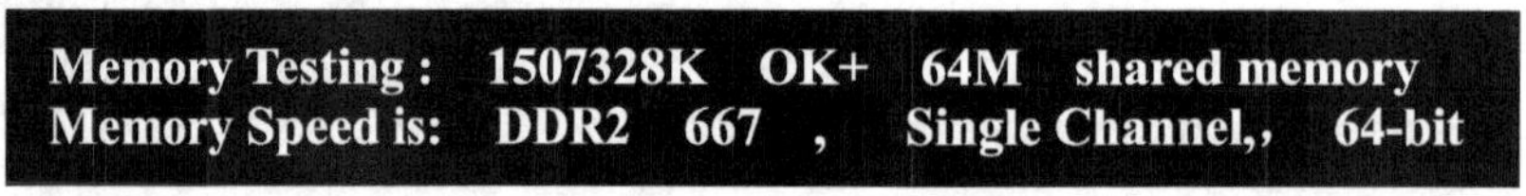

```
Memory Testing :   1507328K   OK+   64M   shared memory
Memory Speed is:   DDR2  667  ,   Single Channel,,  64-bit
```

图 2-8　计算机借用显存大小

3. 硬盘光驱连接信息

在开机画面中还可看到您计算机硬盘和光驱的连接情况，现以图 2-9 为例说明本机计算机硬盘和光驱检测信息。

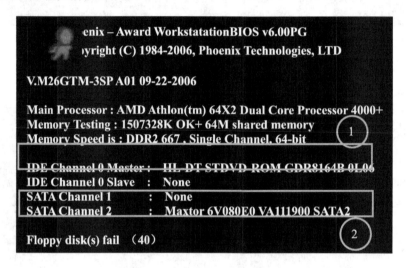

图 2-9　计算机硬盘光驱连接信息

1）光驱：接在 IDE 接口上，光驱跳为主盘（Master），此光驱为 16X DVD 光驱。

2）硬盘：接在第二个 SATA 接口上，硬盘为 Maxtor 80GB 容量。

步骤 1　打开电源。观察计算机开机界面信息，适时按下 Pause 键暂停，查看开机界面信息。如果不显示，可以 BIOS 中打开软驱为 1.44MB。

步骤 2　BIOS 厂商。上网查询所用计算机 BIOS 的厂商，同时通过打开不同厂商的主板，掌握各厂商的 BIOS 开机界面的不同点。

步骤 3　获取相关信息。根据开机画面请获取以下相关信息。

1）BIOS 自身的厂商和版本信息。

2）计算机 CPU 的厂商、主频、外频和倍频。

3）计算机物理内存大小。

4）计算机显存大小。

5）计算机光驱和硬盘与主板的连接信息。

6）BIOS 的日期和生产系列号。

1. 什么是 BIOS?
2. 目前主流的 BIOS 厂商有哪些?
3. BIOS 与 CMOS 有何区别? 有何联系?
4. AMD 的 CPU 的主频计算方法是什么?
5. 当前计算机 BIOS 的日期和生产批次号是什么?
6. 要让计算机暂停,在开机界面如何操作?
7. 简述当前计算机的硬盘和光驱连接信息。

学习活动 2.2 | BIOS 的设置与 CMOS 的介绍

了解计算机 BIOS 设置,这是作为一名计算机专业学生必须掌握的技能。掌握一些 BIOS 常见的设置方法,也是进行计算机系统安装与故障排除的基础。通过查看 BIOS 设置,可掌握计算机配置信息、计算机的启动顺序、密码设置等。

多年来计算机的 BIOS 基本上没有发生大的变化,但是,随着版本和新技术的应用, BIOS 也有了改进。计算机的 BIOS 都是英文版本,其常见的设置,对解决一些计算机 故障有很大帮助。所以掌握 BIOS 的相关知识与设置,对我们正常使用和维护计算机很 重要。

BIOS 设置的内容主要针对计算机安装与维护的基本操作,主要是对 CMOS 的设置。 掌握每项参数的具体含义,了解 BIOS 自检报警的意义。

BIOS 是 Basic Input Output System(基本输入/输出系统)的缩写,它是计算机系统 非常重要的一部分,是计算机系统开机工作时,在操作系统接管之前,完成计算机启动 工作的重要依靠,甚至在操作系统运行时,有些工作还是得依靠 BIOS 中的中断服务来 完成。

目前的 BIOS 商家有 AMI、Award、Phoenix 等，在系统与外部设备不断进步的情形之下，BIOS 中设定的项目在不断更新和复杂化，有些相同的功能却用不同的名词，这就要求我们要不断学习。

BIOS 功能主要包括以下 4 个方面：一是 BIOS 中断服务程序，即微机系统中软件与硬件之间的一个可编程接口，主要用于程序软件功能与微机硬件之间实现衔接。操作系统对软盘、硬盘、光驱、键盘、显示器等外围设备的管理，都是直接建立在 BIOS 系统中断服务程序的基础上的，操作人员也可以通过访问 INT5、INT13 等中断点而直接调用 BIOS 中断服务程序。二是 BIOS 系统设置程序，前面谈到微机部件配置记录是放在一块可读写的 CMOSRAM 芯片中的，主要保存着系统基本情况、CPU 特性、软硬盘驱动器、显示器、键盘等部件的信息。在 BIOSROM 芯片中装有"系统设置程序"，主要用来设置 CMOSRAM 中的各项参数。这个程序在开机时按下某个特定键即可进入设置状态，并提供了良好的界面供操作人员使用。事实上，这个设置 CMOS 参数的过程，习惯上也称为"BIOS 设置"。第三是 POST 上电自检程序，微机接通电源后，系统首先由 POST（Power On Self Test，上电自检）程序来对内部各个设备进行检查。通常完整的 POST 自检将包括对 CPU、640KB 基本内存、1MB 以上的扩展内存、ROM、主板、CMOS 存储器、串并口、显示卡、软硬盘子系统及键盘进行测试，一旦在自检中发现问题，系统将给出提示信息或鸣笛警告。第四为 BIOS 系统启动自举程序，系统在完成 POST 自检后，ROMBIOS 就首先按照系统 CMOS 设置中保存的启动顺序搜寻硬盘驱动器及 CD-ROM、网络服务器等有效地启动驱动器，读入操作系统引导记录，然后将系统控制权交给引导记录，并由引导记录来完成系统的顺利启动。

CMOS 是主板上的一块可读写的 RAM 芯片，里面装的是关于系统配置的具体参数，其内容可通过设置程序进行读写。CMOSRAM 芯片靠后备电池供电，即使系统掉电后信息也不会丢失。BIOS 与 CMOS 既相关又不同：BIOS 中的系统设置程序是完成 CMOS 参数设置的手段；CMOSRAM 既是 BIOS 设定系统参数的存放场所，又是 BIOS 设定系统参数的结果。

下面就以 Phoenix AWARD BIOS 程序的基本设置方法为例进行说明。

开启计算机或重新启动计算机后，在屏幕显示如图 2-10 所示，按下 Delete 键就可以进入 BIOS 的设置界面，有些品牌机是按 F1 键或其他键进入 BIOS 设置的。

进入后，可以用方向键移动光标选择 BIOS 设置界面上的选项，然后按 Enter 键进入子菜单，用 Esc 键来返回主单，用 Page Up 和 Page Down 键或上下（↑↓）方向键来选择具体选项，按 Enter 键确认选择，按 F10 键保留并退出 BIOS 设置。图 2-11 为进入 BIOS 的第一个画面，主界面的功能说明如表 2-1 所示。

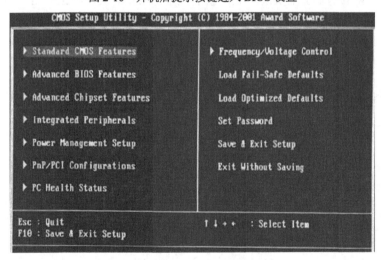

```
Phoenix – Award WorkstationBIOS v6.00PG
Copyright (C) 1984-2006,Phoenix Technologies, LTD

V.M26GTM-3SP A01 09-22-2006

Main Processor : AMD Athlon(tm)64 X2 Dual Core Processor 4000
Memory Testing : 1507328K OK+ 64M shared memory
Memory Speed is: DDR2 667 , Single Channel, 64-bit

IDE Channel 0 Master : HL-DT-STDVD-ROM GDR8164B 0L06
IDE Channel 0 Slave : None
SATA Channel 1        :None
SATA Channel 2        :Maxtor 6V080E0 VA111900 SATA2
Floppy disk(s) fall (40)

CPU Temp:30C/86F    CPUFAN Speed:3198RPM Vcore: 1.28V VDIMM
Systeml Temp: 24C/75F SFAN1 Speed:   0 RPM    +5V:  4.98V 5VSB:  5.08V
                      SFAN2 Speed:  0 RPM  +12V:  12.39V  VBAT:  3.07V
Press F1  to   continue,   DEL to enter SETUP
09/22/2006-NF-MCP61-6A61KJ19C-00
```

图 2-10　开机后提示按键进入 BIOS 设置

```
CMOS Setup Utility - Copyright (C) 1984-2001 Award Software

 ▶ Standard CMOS Features          ▶ Frequency/Voltage Control

 ▶ Advanced BIOS Features             Load Fail-Safe Defaults

 ▶ Advanced Chipset Features          Load Optimized Defaults

 ▶ Integrated Peripherals             Set Password

 ▶ Power Management Setup             Save & Exit Setup

 ▶ PnP/PCI Configurations             Exit Without Saving

 ▶ PC Health Status

 Esc : Quit                       ↑ ↓ ← →   : Select Item
 F10 : Save & Exit Setup
```

图 2-11　BIOS 的主界面

表 2-1　BIOS 主界面说明

序号	功能选项	功能说明
1	Standard CMOS Features	标准 CMOS 设置：日期，时间，软驱和硬盘的型号，以及显示器设置
2	Advanced BIOS Features	BIOS 高级设置：特殊功能，如病毒警告，计算机启动时磁盘优先顺序；磁盘盘符交换等
3	Advanced Chipset Features	芯片组特性设置：设置主板所采用芯片组的参数。例如"DRAM .TIMING"、"ISA CLOCK"等
4	Integrated Peripherals	外部设备设定：设置 USB 支持，内建网卡、声卡等参数
5	Power Management Setup	省电功能设置：设置 CPU 硬盘节能，节能（GREEN）显示器等设备的省电功能

续表

序号	功能选项	功能说明
6	PNP/PCI Configurations	即插即用与 PCI 状态的设置：设置 ISA 和 PCI 接口的 PNP 即插即用的有关参数
7	PC Health Status	计算机健康状态设置：设置 CPU 风扇、温度监控等有关参数
8	Frequency/Voltage Control	频率\电压控制：设定控制 CPU 外频及倍频及电压等有关参数设置
9	Load Fail-Safe Defaults	载入 BIOS 默认值：执行此功能，可载入 CMOS 的出厂值。这个设置比较保守，只是能够启动计算机的最基本设置
10	Load Optimized Defaults	引导 PERFORMANCE 默认值：执行此功能可引导 PERFORMANCE 的 CMOS 设置默认值。它的设置功能能提高主板的性能
11	Set Password	BIOS 密码设置：适用于启动计算机及进入 BIOS 修改设置
12	Save & Exit　Setup	储存并退出：保存所有设置，并退出 BIOS，重新启动以及使用新的设置。按 F10 键也可执行本项命令
13	Exit　Without Saving	不保存修改结果，并退出 BIOS

1. BIOS 的常用设置

（1）设置禁止软驱

现在的计算机基本上不安装软驱，新的版本 BIOS 默认是禁止使用，但有些主板是启用的。

步骤 1　按 Delete 键进入 BIOS 的主界面后，选择设置选项"Standard CMOS Features"并按 Enter 键进入，如图 2-12 所示。

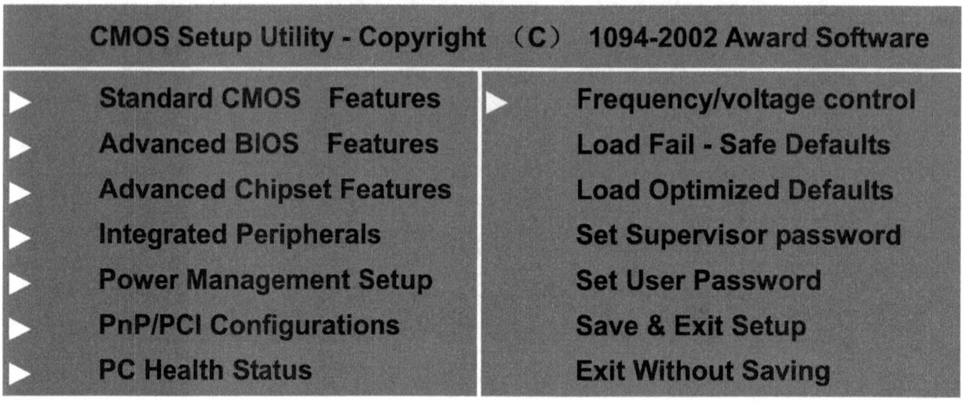

```
CMOS Setup Utility - Copyright （C）  1094-2002 Award Software

▶  Standard CMOS   Features     ▶  Frequency/voltage control
▶  Advanced BIOS   Features        Load Fail - Safe Defaults
▶  Advanced Chipset Features       Load Optimized Defaults
▶  Integrated Peripherals          Set Supervisor password
▶  Power Management Setup          Set User Password
▶  PnP/PCI Configurations          Save & Exit Setup
▶  PC Health Status                Exit Without Saving
```

图 2-12　选择 Standard CMOS Features

步骤 2　选择 Floppy Drive A 将值改为 Not Installed，有些版本为改为 None，即禁止软驱显示，如图 2-13 所示。

步骤 3　按 F10 键保存并退出 BIOS 设置或按 Esc 键返回上一级选项，再选择"Save & Exit Setup"保存并退出 BIOS 设置。至此完成软驱禁用设置。

（2）设置从光驱启动

当要用光盘安装操作系统时，就需要设置计算机从系统光盘启动计算机。用户就要掌握如何从光驱启动计算机，详细设置如下。

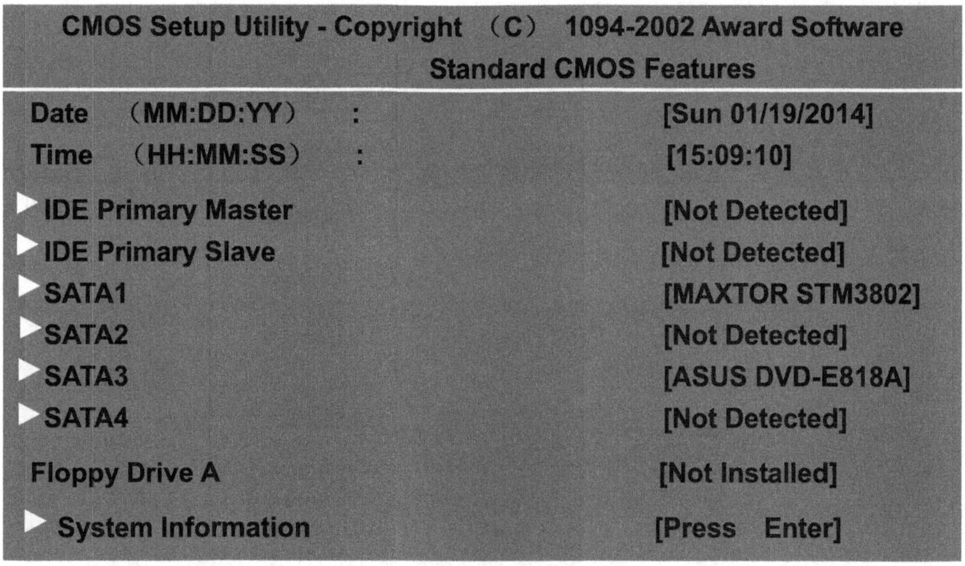

```
      CMOS Setup Utility - Copyright  (C)  1094-2002 Award Software
                        Standard CMOS Features

  Date  （MM:DD:YY）    :              [Sun 01/19/2014]
  Time  （HH:MM:SS）    :              [15:09:10]

 ▶ IDE Primary Master                 [Not Detected]
 ▶ IDE Primary Slave                  [Not Detected]
 ▶ SATA1                              [MAXTOR STM3802]
 ▶ SATA2                              [Not Detected]
 ▶ SATA3                              [ASUS DVD-E818A]
 ▶ SATA4                              [Not Detected]

   Floppy Drive A                     [Not Installed]

 ▶ System Information                 [Press   Enter]
```

图 2-13 设置禁止软驱

步骤 1 按 Delete 键进入 BIOS 的主界面后，选择设置选项 "Advanced BIOS Features" 并按 Enter 键进入，如图 2-14 所示。

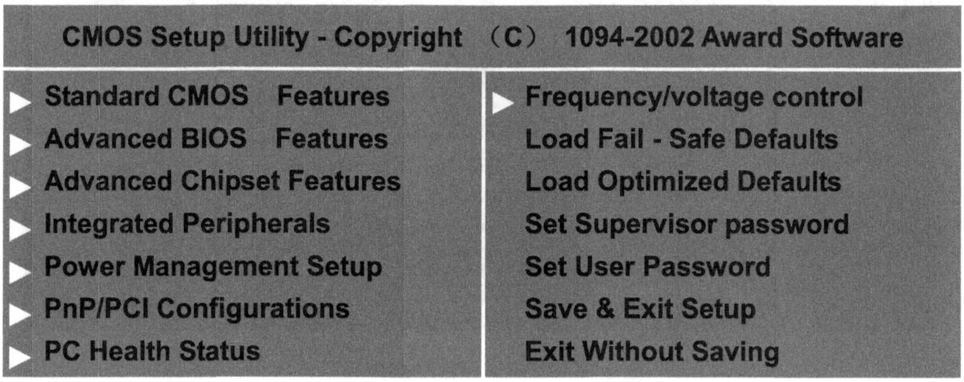

```
      CMOS Setup Utility - Copyright  (C)  1094-2002 Award Software

 ▶ Standard CMOS   Features       ▶ Frequency/voltage control
 ▶ Advanced BIOS   Features         Load Fail - Safe Defaults
 ▶ Advanced Chipset Features         Load Optimized Defaults
 ▶ Integrated Peripherals            Set Supervisor password
 ▶ Power Management Setup            Set User Password
 ▶ PnP/PCI Configurations           Save & Exit Setup
 ▶ PC Health Status                 Exit Without Saving
```

图 2-14 选择 Advanced BIOS Features

步骤 2 选择 First Boot Device 将值改为 CDROM，下面 Second/Third/Boot Other Device 后面的值选用默认值即可，如图 2-15 所示。

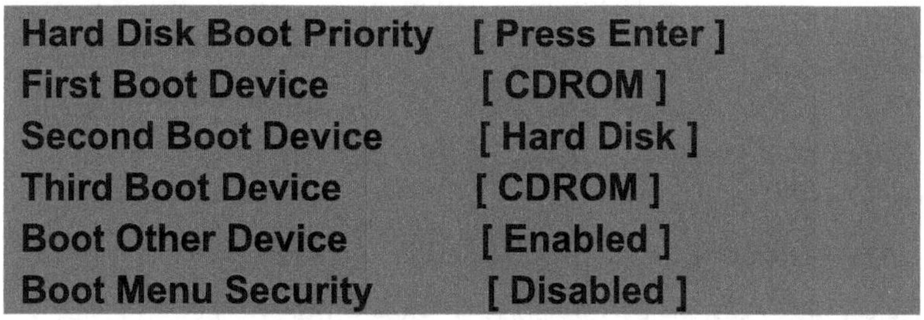

```
   Hard Disk Boot Priority   [ Press Enter ]
   First Boot Device         [ CDROM ]
   Second Boot Device        [ Hard Disk ]
   Third Boot Device         [ CDROM ]
   Boot Other Device         [ Enabled ]
   Boot Menu Security        [ Disabled ]
```

图 2-15 光驱启动设置

步骤 3　按 F10 键保存并退出 BIOS 设置或按 Esc 键返回上一级选项，再选择"Save & Exit Setup"保存并退出 BIOS 设置。至此设置光驱启动完成。

> **说　明**
>
> 现在有些新版 BIOS，在电脑开机界面下方会出现一行"F11 to enter Boot Menu"提示，表示此时可以按 F11 键弹出启动选择菜单，再选择从光驱启动即可，具体按哪个键要看电脑屏幕提示，如图 2-16 所示。
>
>
>
> 图 2-16　开机弹出启动菜单提示

（3）BIOS 密码设置与清除

BIOS 设置不当会引起计算机无法正常启动，为了加强计算机安全，给 BIOS 添加密码，让不知道密码的用户不能随便更改 BIOS 设置。BIOS 版本虽然有多个，但密码设置方法基本相同。早期主板有"SUPERVISOR PASSWORD"（管理员密码）和"USER PASSWORD"（用户密码），新的主板很多只有一项"BIOS Setting Password"设置，即将管理员密码同用户密码合并在一项中。如果计算机 BIOS 密码丢失，如何清除 BIOS 密码，我们也须掌握。详细设置如下。

步骤 1　BIOS 密码设置。

1）按 Delete 键进入 BIOS 的主界面后，可以看到密码设置选项，如图 2-17 所示。

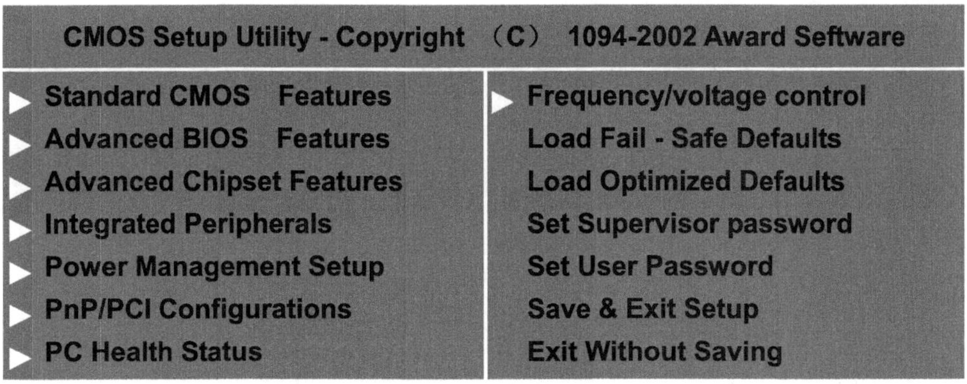

```
        CMOS Setup Utility - Copyright  （C）  1094-2002 Award Seftware

►   Standard CMOS   Features        ►   Frequency/voltage control
►   Advanced BIOS   Features            Load Fail - Safe Defaults
►   Advanced Chipset Features           Load Optimized Defaults
►   Integrated Peripherals              Set Supervisor password
►   Power Management Setup              Set User Password
►   PnP/PCI Configurations              Save & Exit Setup
►   PC Health Status                    Exit Without Saving
```

图 2-17　BIOS 密码设置

2）选择其中的某一项，按 Enter 键即可进行该项目的设置。选择管理员或用户密码项目后按 Enter 键，按要求输入密码，输入后再按 Enter 键，提示校验密码，再次输入相同密码，按 Enter 键即可。

3）按 F10 键保存并退出 BIOS 设置或按 Esc 键返回上一级选项，再选择"Save & Exit Setup"保存并退出 BIOS 设置。

详细设置分以下几种方法。

方法 1：单独设置"SUPERVISOR PASSWORD"或"USER PASSWORD"其中的任何一项，再打开"Advanced BIOS Features"将其中的"Security Option"设置为"Setup"，保存退出。这样，开机时按 Delete 键进入 BIOS 设置画面时将要求输入密码，但进入操作系统时不要求输入密码。

方法 2：单独设置"SUPERVISOR PASSWORD"或"USER PASSWORD"其中的任何一项，再打开"Advanced BIOS Features"将其中的"Security Option"设置为"System"，保存退出。这样，不但在进入 BIOS 设置时要求输入密码，而且进入操作系统时也要求输入密码。

方法 3：分别设置"SUPERVISOR PASSWORD"和"USER PASSWORD"，并且采用两个不同的密码。再打开"Advanced BIOS Features"，将其中的"Security Option"设置为"System"，退出保存。这样，进入 BIOS 设置和进入操作系统都要求输入密码，而且输入其中任何一个密码都能进入 BIOS 设置和操作系统。

"管理员密码"和"用户密码"有所区别：以"管理员密码"进入 BIOS 程序时可以进行任何设置，包括修改用户密码。但以"用户密码"进入时，除了修改或去除"用户密码"外，不能进行其他任何设置，更无法修改管理员密码。由此可见，在这种设置状态下，"用户密码"的权限低于"管理员密码"的权限。

步骤 2　BIOS 密码的去除与破解。

1）密码的去除。是指在已经知道密码的情况下去除密码。

方法是进入 BIOS 设置画面，选择已经设置密码的"SUPERVISOR PASSWORD"或"USER PASSWORD"，按 Enter 键后，出现"Enter Password"时，不要输入密码，直接按 Enter 键。此时屏幕出现提示：

```
" PASSWORD DISABLED !!!（去除密码!!!）
Press any key to continue……（按任意键继续……）"
```

按任意键后退出保存，密码便被去除。

2）密码的破解是指在忘记密码无法进入 BIOS 设置或无法进入操作系统的情况下破解密码，方法有两种。

方法 1：程序破解法。此法适用于可进入操作系统，但无法进入 BIOS 设置（要求输入密码）。具体方法是：将计算机切换到 DOS 状态，在提示符"C：WINDOWS>;"后面输入以下破解程序：

```
debug
- O 70 10
- O 71 ff
- q
```

再用 Exit 命令退出 DOS，密码即被破解。因 BIOS 版本不同，有时此程序无法破解时，可采用另一个与之类似的程序来破解：

```
debug
- O 71 20
O 70 21
- q
```

用 Exit 命令退出 DOS，重新启动并按住 Delete 键进入 BIOS，此时会发现密码已经去除。

方法 2：放电法。此法适合无法进入 BIOS 和操作系统时，只能采用放电法来清除密码。打开主机箱，在主板上找到 CMOS 跳线，如图 2-18 所示，此跳线平时插在 1-2 的针脚上，只要将它插在 2-3 的针脚上，然后再放回 1-2 针脚即可清除密码。CMOS 路线通常用 Jn 或 JTAB 等来表示路线位置，跳线边通常有以 JCMOS，CLEAR CMOS，1-2 JUMPER MODE，2-3 JUMPERFREE，1-2 Nomal，2-3 Clear CMOS 等字母表示跳线方法。

图 2-18　CMOS 路线

（4）恢复最佳默认设置

为了发挥主板的最佳状态，主板的 BIOS 设置项中都会有一个恢复最佳默认选项。若对 BIOS 进行了错误的设置，又不知道如何设置回来，也可以采用此方法。

步骤 1　按 Delete 键进入 BIOS 的主界面后，选择设置选项"Load Optimized Defaults"并按 Enter 键进入，如图 2-19 所示。

步骤 2　弹出"Load Optimized Defaults（Y/N）？"确认对话框，输入"Y"并按 Enter 键确认。

步骤 3　按 F10 键保存并退出 BIOS 设置或按 Esc 键返回上一级选项，再选择"Save & Exit Setup"保存并退出 BIOS 设置。

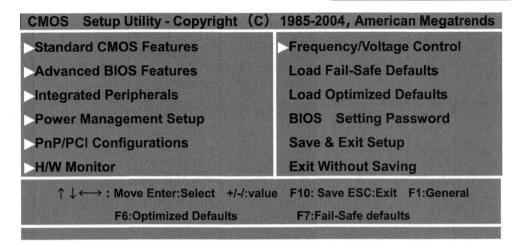

图 2-19　BIOS 主界面

在一些主板 BIOS 中还有一个"Load Fail-Safe Defaults"选项，该项的功能主要是载入工厂默认值作为稳定的系统使用，加载安全默认设置的步骤与加载默认值的步骤相同，恢复的是 BIOS 的安全默认值。

2. BIOS 的高级设置

BIOS 的高级设置选项及功能说明如表 2-2 所示。

表 2-2　BIOS 的高级设置

功能项	功能说明
Virus Warning（病毒警告）	这项功能在外部数据写入硬盘引导区或分配表的时候，会提出警告。为了避免系统冲突，一般将此功能关闭，置为 Disable（关闭）
CPU Internal Cache（CPU Level 1 catch）	默认为 Enable（开启），它允许系统使用 CPU 内部的第一级 Cache。486 以上档次的 CPU 内部一般都带有 Cache，除非当该项设为开启时系统工作不正常，此项一般不要轻易改动。该项若置为 Disable，将会严重影响系统的性能
External Cache（CPU Level 1 catch）	默认设为 Enable，它用来控制主板上的第二级（L2）Cache。根据主板上是否带有 Cache，选择该项的设置
BIOS Update	开启此功能则允许 BIOS 升级，如关闭则无法写入 BIOS
Quick Power On Self Test	默认设置为 Enable，该项主要功能为加速系统上电自测过程，它将跳过一些自测试。使引导过程加快
Hard Disk Boot From（HDD Sequence SCSI/IDE First）	选择由主盘、从盘或 SCSI 硬盘启动
Boot Sequence	选择机器开电时的启动顺序。有些 BIOS 将 SCSI 硬盘也列在其中，此外比较新的主板还提供了 LS 120 和 ZIP 等设备的启动支持
Boot Up Floppy Seek	当 Enable 时，机器启动时 BIOS 将对软驱进行寻道操作
loppy Disk Access Control	当该项选在 R/W 状态时，软驱可以读和写，其他状态只能读
Boot Up Numlock Status	该选项用来设置小键盘的默认状态。当设置为 ON 时，系统启动后，小键盘的默认为数字状态；设为 OFF 时，系统启动后，小键盘的状态为箭头状态
Typematic Rate	如果 Typematic Rate Setting 选项置为 Enable，那么可以用此选项设定当你按下键盘上的某个键一秒钟，那么相当于按该键 6 次。该项可选 6、8、10、12、15、20、24、30

功能项	功能说明
Security Option	选择 System 后，每次开机启动时都会提示你输入密码，选择 Setup 时，仅在进入 BIOS 设置时会提示你输入密码
Supervisor Password And User Password Setup	超级用户与普通用户密码设定

3. 常见 BIOS 报警声含义

计算机系统加电，先进行系统自检，当 BIOS 里系统自检程序检测到故障时会发出报警声，我们可以根据报警声判断故障原因，不同厂家的 BIOS 的报警声代表不同的警告，分别如表 2-3～表 2-5 所示。

表 2-3　AWARD BIOS 自检故障报警的含义

报警声	自检报警声
1 短	系统正常启动，表明机器没有任何问题
2 短	常规设置有问题，请进入 CMOS Setup，重新设置不正确的选项
1 长 1 短	RAM 或主板出错。换一条内存试试，若还是不行，只好更换主板
1 长 2 短	显示器或显示卡错误，检测显卡和显示器
1 长 3 短	键盘控制器错误。检查主板，联系商家
1 长 9 短	主板 Flash RAM 或 EPROM 错误，BIOS 损坏。联系商家，换块 Flash RAM 试试
不断地响（长声）	Memory 或 VGA 其中一个出现问题。内存条未插紧或损坏。重插内存条，若还是不行，只有更换一条内存
不断报警	电源、显示器未和显示卡连接好。检查一下所有的插头
重复短响	电源问题
无声音无显示	电源问题

表 2-4　AMI BIOS 自检故障报警的含义

报警声	自检报警声
1 短	内存刷新失败，更换内存条
2 短	内存 ECC 校验错误。在 CMOS Setup 中，将 ECC 校验内存的选项设为 Disabled，即可排除故障，否则，你可以更换一条内存试一试
3 短	系统基本内存（第 1 个 64KB）检查失败。更换内存
4 短	系统时钟出错
5 短	中央处理器（CPU）错误
6 短	键盘控制器错误
7 短	系统实模式错误，不能切换到保护模式
8 短	显示内存错误。显示卡的显示内存有问题，更换显卡试试
9 短	ROM BIOS 检验和错误
1 长 3 短	内存错误。内存损坏，更换内存条即可
1 长 8 短	显示测试错误。检查显示器连接，显示器数据线没插好或显示卡没插牢，不断出声 Memory 或 VGA 中有一个出现问题

表 2-5　Phoenix BIOS 自检故障报警的含义

报警声	自检报警声
1 短	系统启动正常
3 短	系统加电初始化失败
1 短 1 短 2 短	主板错误
1 短 1 短 3 短	CMOS 或电池失效
1 短 1 短 4 短	ROM BIOS 校验错误
1 短 2 短 1 短	系统时钟错误
1 短 2 短 2 短	DMA 初始化失败
1 短 3 短 1 短	RAM 刷新错误
1 短 3 短 2 短	基本内存错误
1 短 3 短 3 短	基本内存错误
1 短 4 短 2 短	基本内存校验错误
2 短 1 短 1 短	前 64K 基本内存错误
3 短 1 短 1 短	DMA 寄存器错误
3 短 1 短 3 短	主中断处理寄存器错误
3 短 1 短 4 短	从中断处理寄存器错误
3 短 2 短 4 短	键盘控制器错误
3 短 3 短 4 短	显卡 RAM 出错或无 RAM
3 短 4 短 2 短	显示错误
3 短 4 短 3 短	未发现显卡的 ROM BIOS
4 短 4 短 1 短	串行口（COM 口、鼠标口）错误
4 短 4 短 2 短	并行口（LPT、打印口）错误

思考与练习

1. 常见的 BIOS 的厂商有哪些？
2. 台式机进入 BIOS 方法有哪些？笔记本进入 BIOS 的方法有哪些？
3. 打开你的计算机，写出主板是什么品牌的 BIOS？版本号是多少？
4. 从开机界面中，能否掌握主板的品牌，CPU 的主频，外频和倍频是多少？
5. 从开机界面中，你的计算机的内存容量是多少？
6. 从开机界面中，请说出硬盘和光驱与主板的连接情况。

学习活动 2.3　硬盘分区与格式化

活动目标

一台新购的计算机硬盘，必须经过分区与格式化方可使用。掌握常见的分区方法，了解分区类型。通过本次学习，能正确根据用户需求正确对硬盘进行格式化与分区操作。

没有经过分区格式化的硬盘无法安装系统。现有一客户，因原来的硬盘损坏，新购了一块硬盘，无法正常安装系统。另外，我们也会经常接到这样的询问，计算机系统已经安装好了，随着计算机的使用，C 盘空间不够了，但又要保证在不破坏系统的情况下，增加 C 盘空间。

要对硬盘进行正确分区，必须掌握分区的方法。通过使用 PQ、DM 等工具软件对硬盘进行分区操作，使硬盘分区合理。为以后使用计算机打好基础。

1. 分区相关术语

1）物理硬盘：即真实的硬盘实物。

2）逻辑硬盘：它是在操作系统中看到的 C 盘、D 盘等。一个物理硬盘可以分割成一个或多个逻辑硬盘。

3）基本分区，也叫主分区：包含操作系统启动所必需的文件和数据的硬盘分区叫主分区，系统将从这个分区查找和调用启动操作系统所必需的文件和数据。一个操作系统必须有一个主分区，也只能有一个活动主分区。一个硬盘最多可以有 4 个主分区。

4）扩展分区：用主分区以外的空间建立的分区，但不像主分区一样能被直接使用，必须再在其上创建可为操作系统直接识别的逻辑硬盘。

5）逻辑分区：扩展分区不能直接使有，将扩展分区分成一个或多个逻辑分区，才能为操作系统识别和使用。

6）簇：簇是硬盘分区中数据存储的最小单元，其大小由分区大小决定，它影响着硬盘空间的利用率和性能。分区越大，簇也会越大，空间利用率和性能也会越低。

2. 分区格式

目前我们常见到的分区格式包括 FAT32、NTFS 和 Linux 分区 3 种。

1）FAT32 采用了 32 位的空间分配表，在分区容量小于 8GB 时每个簇的容量为 4KB，大大地减小了硬盘空间的浪费，而且解决分区的容量问题（最高可达 2000GB）。不过，只有 Windows 95 OSR2 版本以后的 Windows 系列操作系统（Windows NT 除外）才能支持它。

2）NTFS 是 Windows NT/2000/XP/Windows 7/Windows 8 等操作系统支持的磁盘分区格式，它在安全性、稳定性上和可管理性上表现出色，加上具有其他分区格式所不具备的一些功能（如不易产生文件碎片），所以它成为了当今 Windows 系统主流的分区格式。

3）Linux 分区是 Linux 操作系统专用的磁盘分区格式，它可以与 NTFS 的安全性和稳定性一较高低，可以细分为 Linux native 主分区和 Linux swap 交换分区两种。

早期还有一种 FAT16 位格式，主要最大可以支持 2GB 的磁盘分区，而且此时簇大小为 32KB。该分区格式多在 DOS 和 Windows 3.x 使用，现已不用。

常见的分区软件有 DM、PQ 分区魔法大师，它们的功能是在安装系统时对系统进行分区。

1. DM10 硬盘分区工具

DM&P（Disk Manager & Partner）一个功能强大的免费分区软件，是 Ontrack 公司开发的一个硬盘分区管理软件，由 DM 9.57 版本改进升级开发出一个新版本。它的特点是支持 5000GB（含市场主流 2000GB 大硬盘）以上大硬盘分区，分区速度快，软件使用操作虽然是英文版，但操作界面是图形化结构便于识别易懂更加人性化。支持 NTSF 格式，优化减少操作步骤，支持鼠标及键盘操作。可在一台计算机上对多块硬盘进行分区，还可浏览硬盘参数及信息。低级格式化整个硬盘（全部）及快速低级格式化硬盘，还可以在一块硬盘同时分区成多格式多用途硬盘，便于计算机多系统安装，成为今后硬盘维护主流工具。DM 支持目前所有的硬盘新技术，拥有强大的功能。

DM 10 的分区操作方法如下。

步骤 1 打开 DM10 图形主界面分区，如图 2-20 所示。

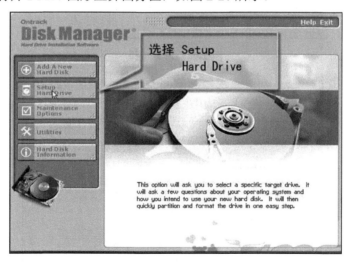

图 2-20 DM10 主界面

步骤 2 选择需要分区的硬盘，如图 2-21 所示。

步骤 3 选择需要分区的硬盘，单击 Next 按钮（当计算机鼠标无法加载时，可按住 Alt+N 键直接选 Next），如图 2-22 所示。

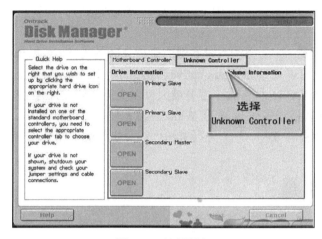

图 2-21　选择硬盘

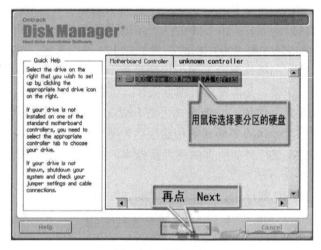

图 2-22　鼠标选择

步骤 4　选中 Continue with selected option and erase existing data 复选框，清除所有数据，单击 NEXT 按钮进入下一步，如图 2-23 所示。

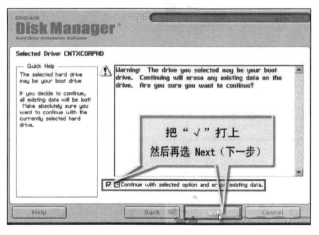

图 2-23　清除所有数据

步骤 5　选择你所需安装的操作系统,如图 2-24 所示。单击 NEXT 按钮进入下一步。

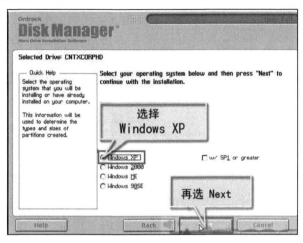

图 2-24　选择操作系统

步骤 6　选择安装方式,如图 2-25 所示。单击 NEXT 按钮进入下一步。

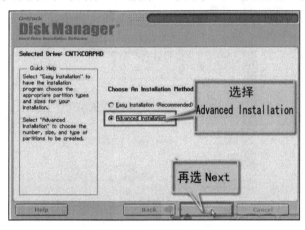

图 2-25　选择安装方式

步骤 7　删除原有的分区,如图 2-26 所示。

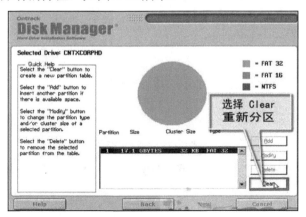

图 2-26　删除原有分区

步骤 8 建立新的分区，如图 2-27 所示。

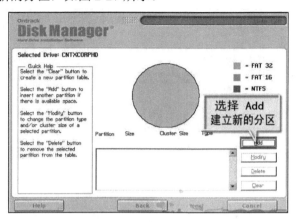

图 2-27 建立新分区

步骤 9 输入分区容量大小，如图 2-28 所示。

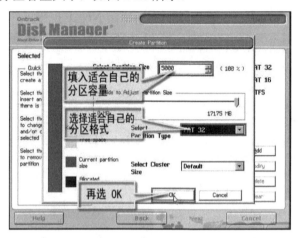

图 2-28 确定分区大小

步骤 10 继续添加分区，如图 2-29 所示。

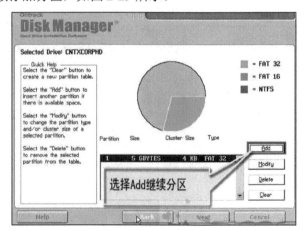

图 2-29 添加分区

步骤 11　全部分区完成，单击 Next 按钮。如图 2-30 所示。

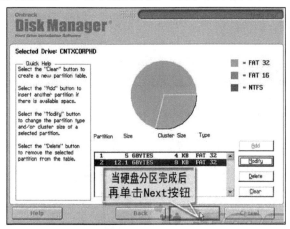

图 2-30　完成分区

步骤 12　单击 Erase 按钮是删除硬盘上的数据，如图 2-31 所示。

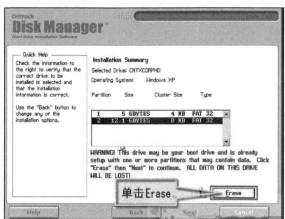

图 2-31　删除数据

步骤 13　全部完成，单击 Next 按钮，如图 2-32 所示。

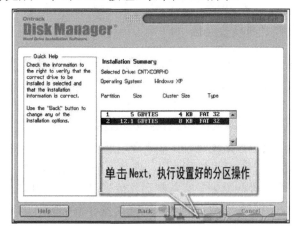

图 2-32　执行分区操作

步骤 14 DM 正在格式化硬盘，如图 2-33 所示。

图 2-33 正在格式化硬盘

步骤 15 完成后，按 Ctrl+Alt+Delete 键重新启动计算机，如图 2-34 所示。

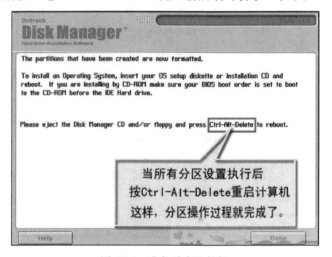

图 2-34 准备重启计算机

DM 10 分好区后会自动激活第一个分区（即 C 盘），到这里就可以直接装系统了。

2. 用 PQ 魔法大师进行硬盘分区

"PowerQuest Partition Magic"简称 PQ 魔法师，它可以不破坏硬盘现有数据重新改变分区大小。支持 FAT16、FAT32、NTFS 格式，可以进行互相转换，可以隐藏现有的分区，支持多操作系统多重启动。它是目前为止最好用的磁盘管理工具之一，能够优化磁盘，使应用程序和系统速度变得更快，不损失磁盘数据下调整分区大小，对磁盘进行分区，并可以在不同的分区以及分区之间进行大小调整、移动、隐藏、合并、删除、格式化、搬移分区等操作，可复制整个硬盘资料到分区，恢复丢失或者删除的分区和数据，无须恢复受到破坏的系统就可将磁盘数据恢复或复制到其他磁盘。能够管理安装多操作系统，方便地转换系统分区格式，也有备份数据的功能，完美兼容 Windows 7。

（1）用 PQ 对硬盘进行分区的步骤

步骤 1 开机后按 Delete 键进入 BIOS，设置从光驱启动。

步骤 2 将带有 PQ 的启动光盘放入光驱中（一般市面上购买的克隆版光盘都带有 PQ 分区工具，这里选择动行 PQ 8.05 中文版），如图 2-35 所示。

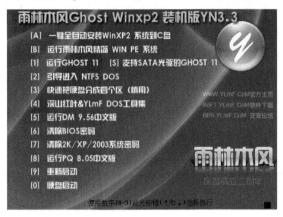

图 2-35 带有 PQ 的启动光盘放入光驱中

步骤 3 进入 PQ 环境后，该硬盘无分区无格式化，单击"作业"菜单，选择"建立"选项或在硬盘区域右击，选择"建立"选项，在弹出的"建立分割磁区"对话框中设置建立为（A）：主要分割磁区；分割磁区类型（P）：NTFS；大小（S）：15006；其他默认。完成后，单击"确定"按钮，如图 2-36 所示。

步骤 4 在未分配空间上右击，分别建逻辑磁盘 D 盘和 E 盘，分区类型为：NTFS，大小自定义，完成后的界面如图 2-37 所示。

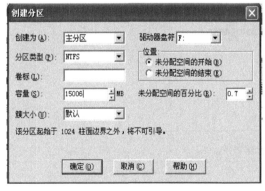

图 2-36 "建立分割磁区"对话框

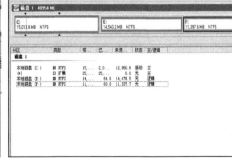

图 2-37 未分配空间上分区的设置

步骤 5 在主分区上执行右击|进阶（A）|设为作用（S）命令，这时主分区状态由"无"变为了"作用"，也就是激活主分区，这一步非常重要，如果没有设置，将在安装系统后无法进入系统，这里可以用 PQ 软件将 C 盘设置"作用"，如图 2-38 所示。

最后单击"执行"按钮，完成硬盘分区。

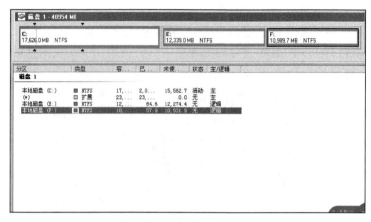

图 2-38　分区设置（一）

> **知识拓展**
>
> 　　1）因 DOS 环境不支持 NTFS 分区格式，所以在 PQ 界面上看不到 NTFS 分区对应的盘符，安装系统后，进入系统可以按顺序看到相应的盘符。
>
> 　　2）若硬盘分区格式有 NTFS 和 FAT32 两种，FAT32 位分区显示的是 C 盘和 D 盘，在系统中实际上是 D 和 E 盘，因为第一个主分区是 NTFS 格式，在 DOS 环境下无法识别，如图 2-39 所示。
>
>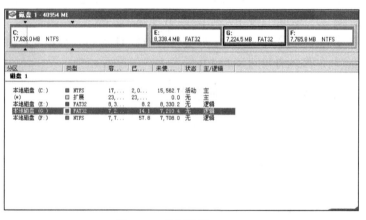
>
> 图 2-39　分区设置（二）

　　（2）用 PQ 调整硬盘大小

　　在保证硬盘上文件不丢失的情况下，调整分区大小。以图 2-40 为例为说明调整分区的操作，现将主分区调整为 10GB 的容量，要保证硬盘中全部数据不能丢失。

　　在第一个分区上右击，选择"调整大小/移动（R）"选项，将后面的移动块向前移动到 C 盘大小为 10GB 位置，单击"确定"按钮。

　　这时硬盘上会有一块未分配的区域，该区域可以增加到相邻的分区中，方法与调整类似。

　　（3）用 PQ 合并硬盘分区

　　在保证硬盘上文件不丢失的情况下，将 D 盘和 E 盘合并成一个分区。现以图 2-41 为例说明合并分区操作，在要合并的两个分区中的任意一个分区上右击，选择"合并"

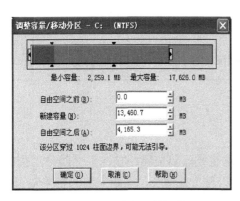

图 2-40　调整分区的操作

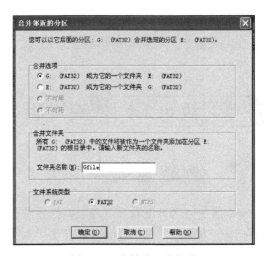

图 2-41　合并分区的操作

命令，在弹出的对话框中选择要合并的分区，在下方"资料夹名称（N）"选项中输入一名称，这里输入 Efile，该文件夹用来保存合并分区中所有的资料，这里为 E 盘中的所有资料都保存在些文件夹中。设置完成后，单击"确定"按钮即可。

（4）转换分区

转换分区是将现有分区格式转换为其他格式，逻辑分区与主要分区间转换，是无损转换，可以方便地将分区转换为 NTFS、FAT32、FAT 格式。在要转的分区上右击，选择"转换"命令，在下级菜单中选择需要的转换功能，这里选择将 NTFS 格式转换为 FAT32格式，单击"确定"按钮，如图 2-42 所示。

（5）删除分区

删除分区是将分区删除的操作，该分区中的所有资料也会被删除，如有必要，请对该分区中的数据做好备份。这里将 D 盘删除，在 D 盘上右击，选择删除操作，在弹出的对话框中输入"OK"，确定后，该分区将会被删除，如图 2-43 所示。

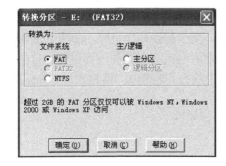

图 2-42　转换分区

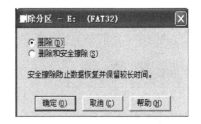

图 2-43　删除分区

1. DM 的功能有哪些？

2. 采用 DM 进行分区的具体步骤是怎样的？

3. PQ 分区魔法师的功能有哪些？

4. 采用 PQ 分区魔法师如何进行分区、格式化及合并分区？

学习活动 2.4 克隆版 Windows XP 操作系统的安装

市面上经常可以看到克隆版操作系统光盘，这也是计算机网络技术人员经常用到的系统安装方法。通过本次学习，能使学生很好地掌握光盘刻录、系统安装的相关知识。

通过网络下载克隆版操作系统，进行系统安装是经常用到的方法。现有一网民，因系统损坏，无法进入系统，需快速完成系统安装。

为了使系统安装方便快捷，雨林木风、JUJUMAO 等网络论坛提供克隆版系统的下载，采用 Ghost 进行系统安装是一种常用的方式。

克隆版系统是利用 Ghost 软件做成的系统，其特点是安装快，集成部分软件，集成驱动。这样的系统一般在安装完成后基本就可以使用。如果是原版系统，安装时间长，而且要自己装驱动，还要安装其他软件，如果全部完成，至少需要几个小时。在网上下载的克隆系统做得不好，系统可能不稳定，甚至有些人还把木马或病毒软件做到里面，对系统运行造成它的影响。目前做得比较好的 Ghost 系统有电脑公司特别版、雨林木风、番茄花园。

1. 网络下载操作系统

通过电脑公司特别版、雨林木风、番茄花园等官网搜索所需的操作系统。

2. 光盘刻录

下载下来的文件扩展名为 ".ISO"，这个文件不能直接使用，可通过将 ISO 文件刻录成光盘，采用光盘安装系统。也可采用虚拟光驱打开 ISO 文件，然后刻录光盘，也可用其他软件。这里以威力酷烧为例说明刻录光盘的过程。

步骤 1 打开威力酷烧软件，选择"光盘实用程序"|"刻录光盘映像文件"|"确定"选项，如图 2-44 所示。

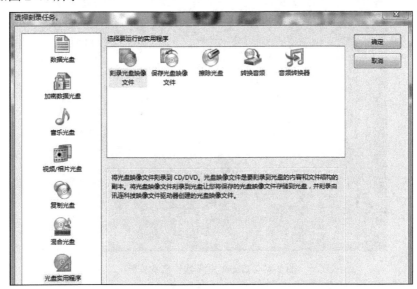

图 2-44 选择刻录任务

步骤 2 在下一个对话框中，通过浏览按钮找到所下载的 ISO 文件，其他默认，单击"刻录光盘"按钮，即可完成光盘刻录，如图 2-45 所示。

3. 系统安装

步骤 1 设置光盘启动。

步骤 2 将光盘放入光驱，使计算机从光驱启动。出现如图 2-46 所示的画面。

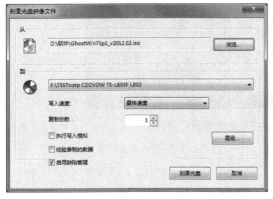

图 2-45 刻录光盘

图 2-46 计算机光驱启动界面

步骤 3 选择"把系统安装在硬盘第 1 分区"，系统自动弹出 Ghost 克隆软件自动安装，如图 2-47 所示。

步骤 4 全部安装完成后的界面，如图 2-48 所示。

因克隆版系统中含有大量设备驱动程序和常用的应用软件，安装完成后，其设备驱动都被安装好，除个别使用面不太广的设备外。只需给系统打补丁和安装用户的应用软件即可。

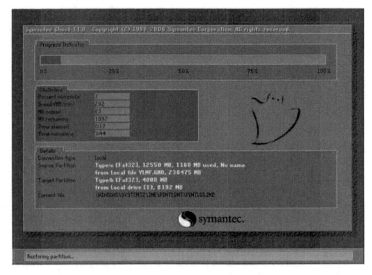

图 2-47　Ghost 克隆软件自动安装

图 2-48　安装完成后的界面

4. 克隆版光盘讲解

在克隆系统中集成了许多工具，从 Windows XP 克隆版光盘启动计算机后，将出现图 2-49 所示的画面。下面对各功能进行讲解。

启动 Windows PE 光盘系统：Windows PE 也可以理解为一个小型的操作系统，与在普通 Windows 操作系统一样，用鼠标进行操作，和 Windows 一样有开始菜单，桌面等。PE 启动方便，而且对启动环境要求不高，最可贵的是，虽然名为启动盘，但其功能却几乎相当于安装了一个操作系统，新的 PE 系统还可支持网络，在 PE 系统中可以直接上网，给维护带来很大的方便。如图 2-50 所示为 PE 启动后的桌面。

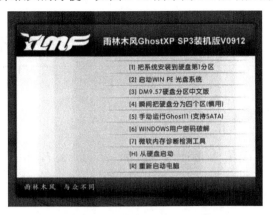

图 2-49　从 Windows XP 克隆版光盘启动计算机后的界面

图 2-50　PE 启动后的桌面

 思考与练习

1．Windows PE 系统与正常操作系统有什么区别？
2．Ghost 克隆软件除了能安装操作系统外还有什么功能？

学习活动2.5 原版 Windows 7 操作系统的安装

 **活动目标**

目前主流的操作系统是 Windows XP 和 Windows 7，由于微软公司已不再支持 Windows XP 的更新而进一步推广 Windows 7，Windows 7 在上市不到 2 年的时间销售量达到 4.5 亿份，成为史上销售最快的操作系统软件，目前市场上主流计算机几乎全部预装 Windows 7 系统。

 **情景引入**

目前所有新硬件只有在 Windows 7 环境下才能发挥真正的效能，在 Windows XP 环境下新硬件效果都不能完全发挥出来，对用户投资造成一定损失。因而要学会安装 Windows 7 操作系统。

 **情景分析**

为了快速地安装 Windows 7 操作系统，互联网众多网站都提供原版 Windows 7 操作系统安装包的下载，安装 Windows 7 操作系统可以使用原版安装包和 Ghost 进行系统安装。

 **相关知识**

Windows 7 操作系统分为简易版、家庭普通版、家庭高级版、专业版、旗舰版和企业版。目前市面上大多的笔记本安装的都是旗舰版，台式机安装的操作系统版本则比较多样。

 **活动实施**

安装 Windows 7 操作系统的步骤如下：

步骤 1 将操作系统光盘插入光驱，开启计算机电源，在自检画面时，如果是台式机按 Delete 键进入 bios 设置光盘启动；如果是笔记本，就根据不同的类型，有的可以按 F12 键，有的可以按 F2 键选择启动方式，在弹出的选择启动菜单中，选择 CD/DVD 启动选项，按 Enter 键。计算机将开始读取光盘数据，引导启动，如图 2-51 所示的"Windows is loading files…"：

图 2-51 安装过程 1

步骤 2 加载文件过程大约需要 1min，接下来是选择安装的语言版本，默认为"中文（简体）"，如图 2-52 所示。单击"下一步"
按钮。

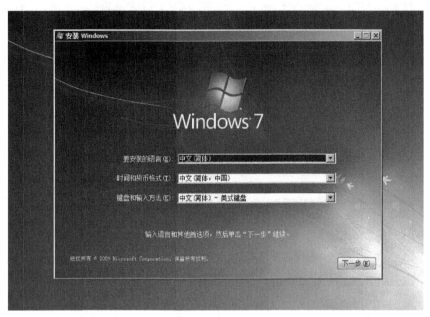

图 2-52　安装过程 2

步骤 3　接下来是确认安装的一步，单击"现在安装（I）"选项，如图 2-53 所示。

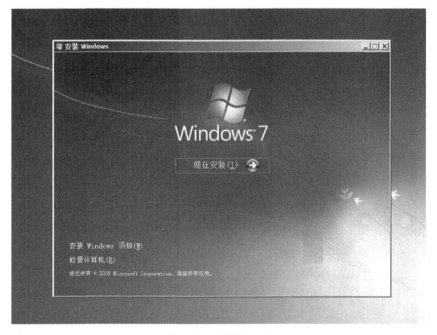

图 2-53　安装过程 3

步骤 4　在等待"安装程序正在启动"后，接下来需要阅读并接受"Microsoft 软件
许可条款"后，才能继续安装，如图 2-54 所示。

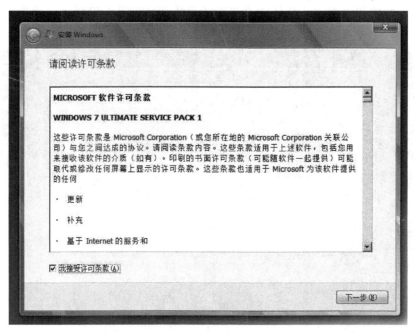

图 2-54　安装过程 4

步骤 5　接下来需要选择安装方式，Windows 7 提供了两种安装方式：升级和自定义。升级是指在当前已安装的操作系统基础上升级的 Windows 7，并保留用户的设置和程序。自定义是指全新安装 Windows 7，不保留当前已安装操作系统文件、用户设置及程序。这里选择"自定义"选项，如图 2-55 所示。

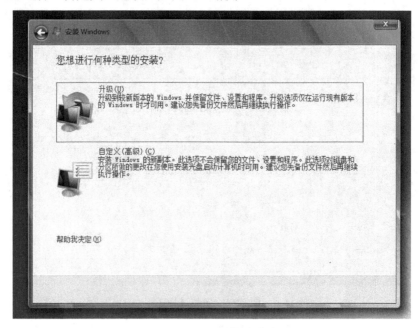

图 2-55　安装过程 5

步骤 6　接下来弹出"您想将 Windows 安装在何处"界面，此处可以看到计算机的硬盘，包括每一个分区。目的是选择安装操作系统的盘符。选择"驱动器选项（高级）"
选项，可以对磁盘进行更多的操作，如删除分区、格式化等。默认将操作系统安装在 C
盘上，所以选择"分区 1"，如图 2-56 所示。

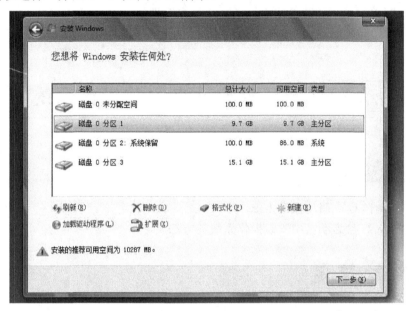

图 2-56　安装过程 6

步骤 7　此时，将开始安装 Windows 7 系统，此过程大约 12min。完成此过程的安
装后，计算机将自动重新启动，完成更新注册表设置和相关服务的启动，此过程大约
10min，如图 2-57 所示。

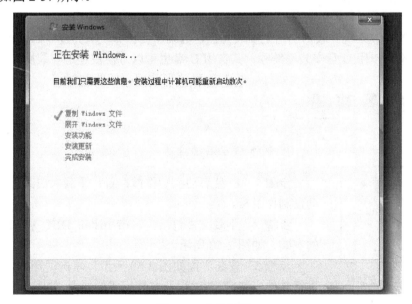

图 2-57　安装过程 7

1. Windows 7 与 Windows XP 的安装有什么区别？
2. Windows 7 的安装是否比 Windows XP 的安装简单？

学习活动 2.6 ┃ U 盘启动盘安装操作系统

1）掌握制作 U 盘启动盘的方法。
2）掌握从 U 盘启动盘中安装操作系统的方法。

某台计算机的系统使用时间较长，现需要对其重新安装新的操作系统，但是这台计算机没有光驱无法通过光盘安装操作系统，只有一个空白 U 盘可用。通过学生分组讨论解决方案，完成操作系统的安装。

正常的安装系统一般都要用到安装光盘，这就需要计算机有光驱，如果计算机没有光驱，可不可以用 U 盘安装系统呢？其实用 U 盘也可以方便快速地安装操作系统。

1. 制作 U 盘启动盘

步骤 1 U 盘启动盘制作前准备：下载大白菜超级 U 盘启动盘制作工具。

图 2-58 软件安装包

步骤 2 下载文件包后，单击 Install_DBC_v7_2 运行软件的安装，如图 2-58 所示。

步骤 3 安装界面如图 2-59 所示，单击"开始安装"按钮进行软件安装，安装过程及安装完成的界面，如图 2-59～图 2-61 所示。

步骤 4 打开软件，出现"大白菜超级 U 盘启动盘制作工具"界面，如图 2-62 所示。

步骤 5 下载并且安装好大白菜装机版，打开安装好的大白菜装机版，插入 U 盘，

图 2-59 安装界面 1

图 2-60 安装界面 2

图 2-61 安装界面 3

图 2-62 "大白菜超级 U 盘启动盘制作工具"界面

等待软件成功读取到 U 盘之后，单击"一键制作启动 U 盘"按钮进入下一步操作，如图 2-63 所示。

图 2-63 制作启动 U 盘

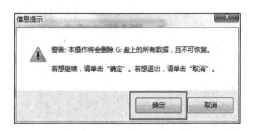

图 2-64　"信息提示"窗口

步骤 6　在弹出的"信息提示"窗口中单击"确定"按钮进入下一步操作，如图 2-64 所示。

步骤 7　耐心等待大白菜装机版 U 盘制作工具向 U 盘写入大白菜相关数据的过程，如图 2-65 所示。

步骤 8　完成数据写入之后，在弹出的"信息提示"窗口中单击"是"按钮进入模拟计算机，如图 2-66 所示。

图 2-65　写入大白菜相关数据

步骤 9　模拟计算机成功启动说明大白菜 U 盘启动盘已经制作成功，按住 Ctrl+Alt 键释放鼠标，单击"关闭窗口"完成操作，如图 2-67 所示。

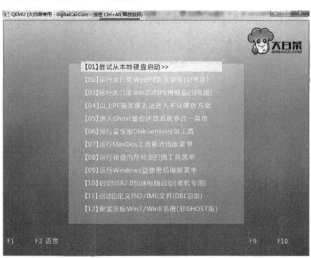

图 2-66　"信息提示"窗口　　　　　　　　　图 2-67　U 盘启动盘制作成功

> **注意**
>
> 1）制作大白菜 U 盘启动盘之前，请备份好 U 盘上有用的数据，最好能完全格式化一遍 U 盘。
>
> 2）有 NTFS 分区的硬盘或多硬盘的系统，在 DOS 下硬盘的盘符排列和在 Windows 中的顺序可能不一样，请自行查找确定，以免误操作。
>
> 3）U 盘启动盘出现问题的主要原因如下。
>
> ① 主板不支持 U 盘启动（或支持的不完善）。
>
> ② 某些 DOS 软件（尤其是对磁盘操作类的）对 U 盘支持的可能不是很好。
>
> ③ U 盘是 DOS 之后出现的新硬件，种类比较繁杂，且目前绝大多数 USB 设备都没有 DOS 下的驱动，目前使用的基本都是兼容驱动，所以出现一些问题在所难免。
>
> ④ U 盘本身质量有问题。
>
> ⑤ 经常对 U 盘不正确操作，比如直接插拔 U 盘，而不是通过"安全删除硬件"来卸载。
>
> 4）有些主板（尤其是老主板）的 BIOS 中不支持 U 盘启动，所以找不到相应的选项。如有此问题，只能通过刷新 BIOS 的方式解决，如果刷新 BIOS 仍未解决，则无法采用该方法。

2. 从 U 盘启动盘中安装操作系统

步骤 1 将制作好的大白菜 U 盘启动盘插入 USB 接口（台式机用户将 U 盘插在主机机箱后置的 USB 接口上），然后重启计算机，出现开机画面时，通过使用启动快捷键引导 U 盘启动进入大白菜主菜单界面，选择"【02】运行大白菜 Win8PE 防蓝屏版（新计算机）"选项，按 Enter 键确认，如图 2-68 所示。

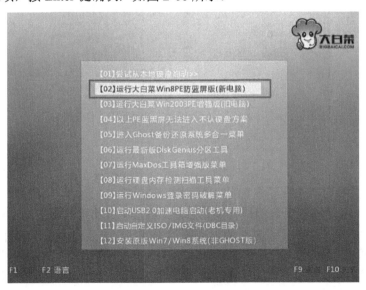

图 2-68 大白菜主菜单界面

步骤 2 登录大白菜装机版 PE 系统桌面，系统会自动弹出大白菜 PE 装机工具窗口，单击"浏览"按钮进入下一步操作，如图 2-69 所示。

步骤 3 打开存放在 U 盘中的 Ghost Windows 7 系统镜像文件，单击"打开（O）"按钮后进入下一步操作，如图 2-70 所示。

图 2-69 大白菜 PE 装机工具窗口　　　　图 2-70 打开 Ghost Windows 7 系统镜像包

步骤 4 等待大白菜 PE 装机工具提取所需的系统文件后，在下方选择一个磁盘分区用于安装系统使用，然后单击"确定"按钮进入下一步操作，如图 2-71 所示。

步骤 5 单击"确定（Y）"进入系统安装窗口，如图 2-72 所示。

图 2-71 选择磁盘分区　　　　　　　　图 2-72 系统安装窗口

步骤 6 此时耐心等待系统文件释放至指定磁盘分区的过程结束，如图 2-73 所示。

步骤 7 释放完成后，计算机会重新启动，稍后将继续执行安装 Windows 7 系统后续的安装步骤，所有安装完成之后便可进入到 Windows 7 系统桌面，如图 2-74 所示。

以上就是大白菜装机版 U 盘安装 Windows 7 系统使用教程，有遇到此类情况或者不懂如何安装 Ghost Windows 7 系统的用户，可以尝试上述大白菜使用教程操作，希望上述大白菜使用教程可以给大家带来更多帮助。

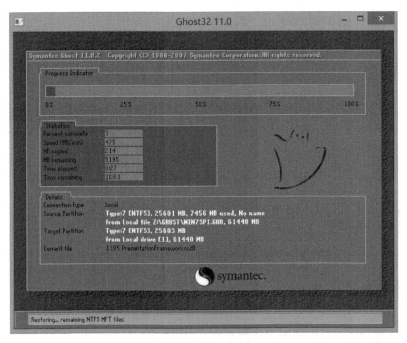

图 2-73 系统文件释放

图 2-74 安装程序正在安装设备

 活动实施

在教师指导下，逐步掌握制作 U 盘启动盘和掌握从 U 盘启动盘中安装操作系统的方法，完成制作 U 盘启动盘和从 U 盘启动盘中安装操作系统。

 思考与练习

1. U 盘启动盘出现问题的主要原因是什么？
2. 在制作 U 盘启动盘时，有 NTFS 分区的硬盘或多硬盘的系统应注意什么？

项目 3

系统的维护与优化

 **学习活动 3.1** | **计算机病毒的预防与清除**

 **活动目标**

1) 了解病毒预防与清除的基本知识。
2) 了解常用病毒预防与清除软件。
3) 熟练掌握 360 安全卫士的安装与瑞星防火墙的使用。

 **情景引入**

计算机在使用过程中出现运行变缓、可疑文件增多、无故重启等故障使用户非常困惑，本学习活动就来帮助用户了解计算机病毒并掌握计算机病毒的预防和清除方法。

 **情景分析**

由于 U 盘使用的增多、收发电子邮件、接受不明可运行文件等因素，计算机常常受到病毒的侵袭，因而必须对计算机主机系统进行有规律的病毒清除工作。可见，学会利用杀毒软件预防和清除计算机病毒是十分必要的。

 **相关知识**

1. 计算机病毒

（1）计算机病毒的概念

计算机病毒是一个程序，一段可执行码。就像生物病毒一样，计算机病毒有独特的复制能力，它可以很快地蔓延，又常常难以根除。它们能把自身附着在各种类型的文件上，当文件被复制或从一个用户传送到另一个用户时，它们就随同文件一起蔓延开来。

（2）计算机病毒的特点

1）隐蔽性。病毒程序一般隐藏在可执行文件和数据文件中，不易被发现。

2）传染性。传染性是衡量一种程序是否为病毒的首要条件。病毒程序一旦进入计算机，通过修改别的程序把自身的程序复制进去，从而达到扩散的目的，使计算机不能正常工作。

3）潜伏性。计算机病毒具有寄生能力，它能够潜伏在正常的程序中，当满足一定条件时被激活，开始破坏活动，这种现象称为病毒发作。

4）可激发性。计算机病毒一般都具有激发条件，这些条件可以是某个时间、日期、特定的用户标志、特定文件的出现和使用、某个文件被使用的次数或某种特定的操作等。

5）破坏性。破坏性是计算机病毒的最终目的，通过病毒程序的运行实现破坏行为。

（3）计算机病毒的分类

1）按表现性质可分为良性和恶性。良性危害性小，不破坏系统和数据，本身可能是恶作剧的产物。良性病毒一旦发作，一般只是大量占用系统开销，将使机器无法正常工作。恶性病毒则猛烈得多，不但可能会毁坏数据文件，而且也可能使计算机停止工作，甚至能毁坏计算机配件——如 CIH。

2）按激活时间可分为定时的和随机的。定时病毒仅在某一特定时间发作，而随机病毒一般不是由时钟来激活的。

3）按入侵方式可分为操作系统型病毒，这种病毒具有很强的破坏力，可以导致整个系统瘫痪，如原码病毒、外壳病毒及入侵病毒等。

4）按是否有传染性可分为不可传染性和可传染性病毒。不可传染性病毒有可能比可传染性病毒更具有危险性且难以预防。

5）按传染方式可分磁盘引导区传染的计算机病毒、操作系统传染的计算机病毒和一般应用程序传染的计算机病毒。

6）按病毒攻击的机种分类则有攻击微型、小型计算机的，攻击工作站的，以攻击微型计算机的病毒为最，几乎 90%是攻击 IBM PC 及其兼容机。

当然，按照计算机病毒的特点及特性，计算机病毒的分类还有其他的方法，如按攻击的机种分类，按寄生方式分类等。

（4）计算机病毒防治

纵观计算机病毒的发展历史，大家可以看出，计算机病毒已经从最初的挤占 CPU 资源、破坏硬盘数据逐步发展成破坏计算机硬件设备，甚至向着更严重的方向发展，有谁能保证它们未来不破坏更重要的东西呢？怎样保护计算机，怎样使自己的计算机远离病毒？最重要的是采取各种安全措施预防病毒，不给病毒可乘之机。另外，就是使用各种杀毒程序查杀病毒，将其从计算机中清除出去。

1）预防病毒最重要。杀毒软件做得再好，也只是针对已经出现的病毒，它们对新的病毒是无能为力的。而新的病毒总是层出不穷，并且在 Internet 高速发展的今天，病毒传播也更为迅速。一旦感染病毒，计算机就会受到不同程度的损害。虽然病毒最终可以被杀掉，但损失却是无法挽回的。预防病毒主要应注意以下事项。

① 不要随便复制来历不明的软件，不要使用未经授权的软件。游戏软件和网上的免费软件是病毒的主要载体，使用前一定要用杀毒软件检查，防患于未然。

② 系统和重要软件及时备份，在系统遭到破坏时把损失降到最小限度。备份文件和做启动盘时一定要保证你的计算机中是没有病毒的，否则的话只会适得其反。

③ 经常用清除杀毒软件对计算机作检查，及时发现病毒、消除病毒。

2）清除病毒。尽管采取了各种预防措施，有时仍不免会染上病毒。因此，检测和消除病毒仍是用户维护系统正常运转所必需的工作。目前流行的杀毒软件较多，主要有瑞星、MCAFEE、360 安全卫士等。使用这些软件时，必须先用杀毒盘或干净（保证无毒）的系统软盘启动。

2. 软件安装及进入主界面的方法（以 360 安全卫士为例）

步骤 1 双击安装程序进行安装，出现安装向导，单击"下一步"按钮，如图 3-1 所示。

图 3-1 "360 安全卫士"安装向导（一）

步骤 2 单击"我接受"按钮，如图 3-2 所示。

步骤 3 单击"安装"按钮，如图 3-3 所示。

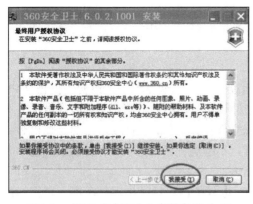
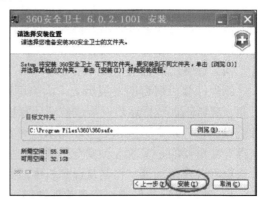

图 3-2 "360 安全卫士"安装向导（二）　　　图 3-3 "360 安全卫士"安装向导（三）

步骤 4 正在安装，请稍后，如图 3-4 所示。

步骤 5 将"安装 360 安全浏览器"复选框前面的勾选（单击）去除，如图 3-5 所示。

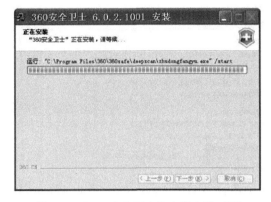 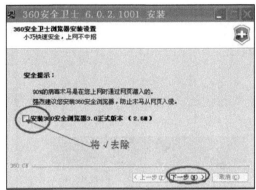

图 3-4　"360 安全卫士"安装向导（四）　　　图 3-5　去除"勾选"安装 360 安全浏览器

步骤 6　单击"完成"按钮，如图 3-6 所示。

步骤 7　系统需要重新启动，才能完成安装。单击"是"按钮，如图 3-7 所示。

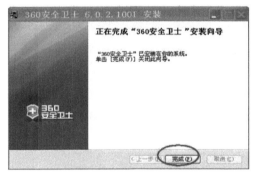

图 3-6　安装完成　　　　　　　　　　图 3-7　系统重启弹窗

3. 360 安全卫士的设置

（1）去除安装 360 后多余的右键菜单

安装 360 安全卫士后，在右键菜单中就会出现"解除占用"命令和"强力删除"命令。虽然这是 360 设计者的一致考虑，让我们有一个使用的快捷方式。但是很多人是用不上的，它们在右键菜单中只能增加菜单的长度而已。

去除这两项命令的方法是打开 360 安全卫士的主界面，在右上角的位置有一个向下的箭头图标，它是 360 安全卫士的主菜单。从主菜单中选择设置，选择其中的"高级设置"选项卡，按照图 3-8 的样子取消它们即可。

（2）优化系统漏洞修复

修复系统漏洞一直是 360 安全卫士的特色项目之一。360 安全卫士在使用时会在开机时默认自动检测系统漏洞并进行修复。虽然这样做有一定的好处，但是弊端也显而易见，即会影响开机速度，一些老式计算机更加明显。

360 安全卫士默认的系统漏洞修复方法是下载完补丁后同时安装，虽然可以节约时间，但 CPU 的占用率相当高。

针对以上两点，建议的设置如图 3-9 所示。

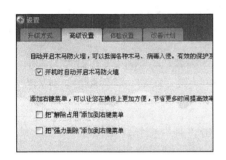

图 3-8 取消的余命令

图 3-9 360 漏洞修复

360 漏洞修复设置是在 360 漏洞修复页面的右上角的位置有一个"设置"的链接。

（3）向导式系统修复

从 360 安全卫士 8.x 系列开始，系统修复中有了一个计算机门诊的选项，它相当于一个向导式的系统修复。通过使用它可以按照提示一步步解决计算机使用过程中的很多小问题，是一个贴心的小功能，如图 3-10 所示。

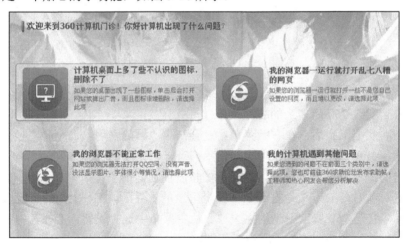

图 3-10 计算机门诊

（4）注册表瘦身和恢复删除文件

使用 360 安全卫士的大多数用户不一定知道这两项功能在哪里。它们的具体位置是在"计算机清理"|"清理痕迹"中的右侧启动栏中。

第一次使用时会加载模块一定时间，所以不会立即显现出来，第二次就好了，如图 3-11 所示。

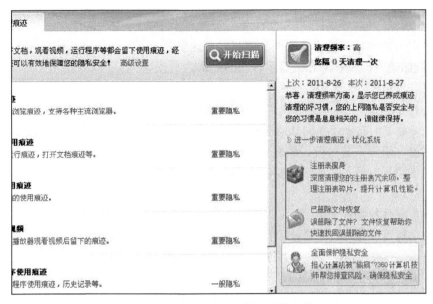

图 3-11 注册表瘦身和恢复删除文件

（5）方便好用的 360 软件管家

360 软件管家最初只用作管理本地已安装软件来使用，随着版本不断升级，很多优秀的功能也被添加进来。目前 360 软件管家可以用于下载安装、卸载、查找软件等。360软件管家也可以通过 DIY 设置来满足个性化需要。在 360 软件管家主界面右上角的主菜单中可以设置，如图 3-12 所示。

图 3-12 360 软件管家主界面

"软件安装"中可以设置从 360 软件管家中下载的软件安装的位置。它的默认路径是非 C 盘，如果要安装在 C 盘中，需要在这里进行更改。

"软件卸载"可以取消一些右键菜单、开始菜单中关于 360 的选项。如"开始"菜单中的"强力卸载计算机中的软件"都可以在这里取消。

"开机加速"可以取消开机显示时间的提示。

4. 360 安全卫士的使用

360 安全卫士的操作界面功能强大，有电脑体检、木马云查杀、清理恶意插件、修复系统漏洞、清理系统垃圾、清理使用痕迹、软件管家、修复 IE 等众多功能。但是我们在平时使用的时候，并不一定要使用全部的功能，现将 360 安全卫士最常用的功能进行介绍。

（1）电脑体检功能

这个功能可以自动检测系统中存在的安全风险，按照提示操作可以提高系统安全性。

图 3-13　电脑体检

1）间隔三、五天时间，可以单击"状态栏"中的 360 安全卫士图标对电脑进行体检，如图 3-13 所示。

2）自动开始检测当前系统，完成检测之后将给出详细的"体检"报告，并以直观的星级指数来表示系统的整体安全状况，使用户更了解计算机的安全情况，如图 3-14 所示。

图 3-14　电脑体检界面

（2）木马云查杀功能

1）单击"木马云查杀"选项中的"快速扫描"按钮，如图 3-15 所示。

2）屏幕显示正在扫描，如图 3-16 所示。

3）扫描完成，显示查杀结果，如图 3-17 所示。

（3）清理系统垃圾功能

这个功能会使计算机系统更干净、更安全，下次使用时速度更快。

图 3-15 单击"快速扫描"按钮

图 3-16 扫描过程中的界面

1）单击"清理系统垃圾"选项中的"开始扫描"按钮，如图 3-18 所示。

2）单击"立即清理"按钮，清理完毕关闭窗口，如图 3-19 所示。

按系统提示及时处理问题：360 安全卫士实时保护，发现问题会及时弹出窗口，用户应当及时按提示操作。360 安全卫士弹窗如图 3-20 所示，该弹窗提醒用户系统存在漏洞，应按下列方法进行操作。

图 3-17　木马云查杀结果

图 3-18　单击"开始扫描"按钮

1）单击"立即修复"按钮，如图 3-20 所示。

2）单击"修复选中漏洞"按钮，如图 3-21 所示。

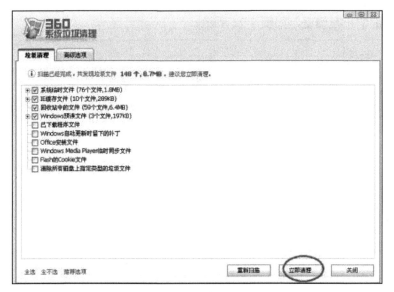

图 3-19　清理垃圾

图 3-20　360 安全卫士检测漏洞弹窗

图 3-21　修复选中漏洞

3）360 漏洞正在修复，如图 3-22 所示。

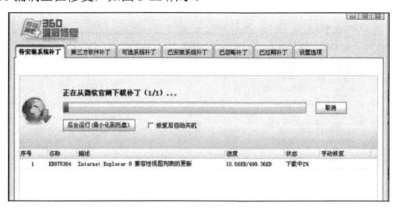

图 3-22　修复漏洞

4）补丁已经全部安装成功（重启后生效），单击"立即重启"按钮，如图 3-23 所示。

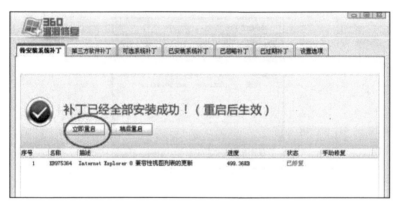

图 3-23　补丁安装成功

5. 防火墙的使用

漏洞即某个程序（包括操作系统）在设计时未考虑周全，当程序遇到一个看似合理，但实际无法处理的问题时，引发的不可预见的错误。系统漏洞又称为安全缺陷，即对用户造成的不良后果。任何事物都非十全十美，作为应用于桌面的操作系统——Windows也是如此，且由于其在桌面操作系统的垄断地位，其存在的问题会很快暴露。这直接危害到我们使用计算机的安全，漏洞受病毒及恶意代码利用，容易导致巨大损失，把系统漏洞的修复当成首要任务来做是十分必要的。瑞星个人防火墙就具备这样的功能。

步骤 1　打开安装软件后会自动出现向导界面，如图 3-24 所示。

步骤 2　单击"下一步"按钮，如图 3-25～图 3-28 所示。

步骤 3　设置是否加入"云安全"计划，设置是否上报数据，如图 3-29 所示。

下载完成后就安装成功了，安装成功后会出现设置向导，单击"下一步"按钮就可以了，如图 3-30 所示。

图 3-24　瑞星防火墙向导

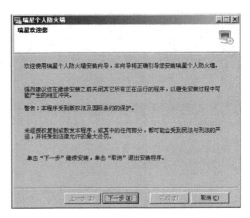

图 3-25　瑞星个人防火墙安装界面

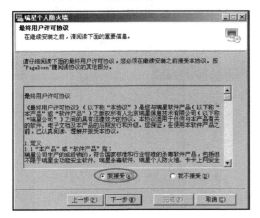

图 3-26　瑞星个人防火墙最终用户许可协议

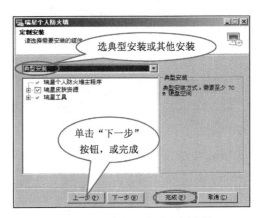

图 3-27　瑞星个人防火墙定制安装

图 3-28　瑞星个人防火墙安装中

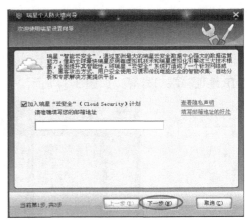

图 3-29　加入瑞星"云安全"计划

步骤 4　切换工作模式，如图 3-31 所示。

步骤 5　启动防火墙，如图 3-32 所示。

步骤 6　网络的监控设置。

拦截来自互联网的黑客、病毒攻击，木马攻击等，如图 3-33 所示。

网络攻击拦截的作用是防护系统受到攻击，在系统受到危害之前拦截入侵。

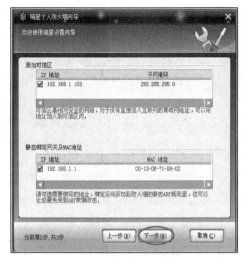

图 3-30　瑞星个人防火墙设置向导　　　　　图 3-31　切换工作模式

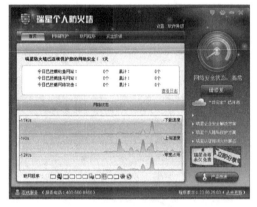

图 3-32　启动瑞星个人防火墙

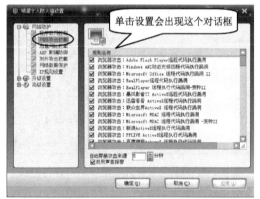

图 3-33　网络监控设置

　　启动恶意网址拦截后，可以单击"添加""删除"按钮，选择添加或删除代理服务器 IP 地址与端口号等，如图 3-34 所示。

图 3-34　恶意网址拦截

在教师指导下，逐步了解 360 安全卫士和瑞星个人防火墙的主要功能，并使用软件对整机进行病毒查杀。

1. 计算机出现内存不足的提示是否感染了病毒？
2. 简述防火墙的使用技术。

学习活动 3.2 ｜ 系统备份与还原

1）掌握系统备份与还原的基本知识。
2）熟练掌握 MaxDOS 的使用。
3）熟练掌握一键还原的安装与使用。
4）掌握系统的备份和还原。

在使用计算机的过程中，计算机系统突然崩溃，应如何用最快捷的方法修复系统呢？

在使用计算机的过程不少用户都有系统崩溃的经历，即使是最简单的日常操作，也可能对系统带来一定的损害。事实上，由于用户在使用过程中的不小心——从软件的安装到不经意的数据复制——都有可能导致出错提示、系统崩溃及其他问题。要解决这些常见的问题，最简单实用的办法就是对系统进行备份和还原。

1. 系统备份与还原的基本知识

系统备份，顾名思义就是将数据以某种方式加以保留，以便在系统遭受破坏或其他特定情况下重新加以利用的一个过程。系统还原其实就是 Windows 系统还原，系统还原的目的是在不需要重新安装操作系统，也不会破坏数据文件的前提下使系统回到工作状态。系统还原是恢复到系统检查点或者手动设置的还原点，使系统还原到当时的状态。

2. MaxDOS 的使用

安装完成以后，重新启动系统，进入系统选择菜单，选择 MaxDOS_5.6s 工具箱，按 Enter 键后出现图 3-35 所示界面。

有 3 个选项：运行全中文启动盘、调用从光盘引导系统、返回 Windows 启动菜单。这些功能就不介绍了，学好计算机知识的一个重要方法是多观察界面，光标在右上角。默认第一项，按 Enter 键，如图 3-36 所示。

图 3-35   选择 MaxDOS 工具箱

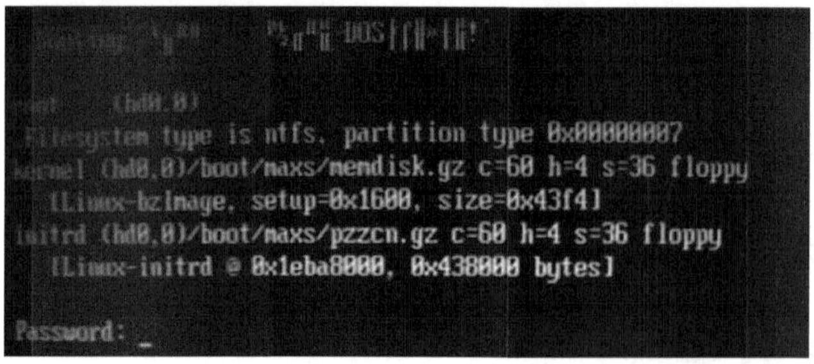

图 3-36   全中文 DOS 启动盘界面

在光标处输入安装时的密码，按 Enter 键，进入功能选择菜单，如图 3-37 所示。

图 3-37   功能选择菜单

前 3 项包含 MaxDOS 的基本功能，不同的是网络克隆所支持的网卡不同。第 4 项为自动还原 D:\BAK\SYS.GHO 到 C 盘中，方便备份恢复。第五项是支持 U 盘和 USB 硬盘，驱动后就可以在 DOS 下访问 U 盘和 USB 硬盘，如图 3-38 所示。

图 3-38　在 DOS 下访问 U 盘和 USB 硬盘

我们选择第一项，按 Enter 键。进入了熟悉的界面，可我们只看到提示符，其他的什么也看不到，怎么办呢？别急，只要在提示符后输入 dir/w，按 Enter 键，MaxDOS 的所有的命令就出来了，如图 3-39 所示。

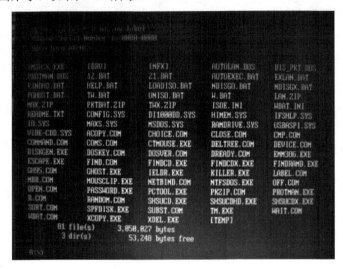

图 3-39　MaxDOS 所有命令

3. 一键还原的安装与使用

安装方法如下。

> **注意**
>
> 安装一键还原精灵专业版需满足以下条件。
>
> 1）操作系统为 WIN2000/XP/2003/Server/NT（不支持 Windows 95/98/ME 及 Vista 系统，另外版本支持这些系统）。
>
> 2）硬盘上必须有两个以上分区。
>
> 双击 setup.exe 后出现安装界面，按提示安装即可。
>
> 卸载方法：在程序栏中的"一键还原精灵"快捷方式中选择"卸载一键还原精灵"选项即可完成卸载（如果设置了管理员密码则需输入管理员密码方可卸载）。
>
> 另外：如果已经备份了系统，卸载时会出现提示是否保存备份文件的提示，若选择否则备份文件保留在提示的分区根目录下。当重新安装一键还原精灵时，它会自动把备份文件放回备份分区中，十分智能化。

4. 系统的备份和还原

（1）系统分区备份

步骤 1 重启计算机，选择进入 DOS 系统，转到备份盘（输入命令"E："，按 Enter 键），进入备份目录（输入命令"CD　Ghost"，按 Enter 键），运行 Ghost 程序（输入命令"Ghost"，按 Enter 键），即可启动 GHOST 程序，按 Enter 键进入图 3-40 所示界面，按光标键，依次选择"Local（本地）→Partition（分区）→To Image（生成映像文件）"选项，这一步不能搞错，记住从上往下数的选择顺序是 1－2－2，如图 3-40 所示。

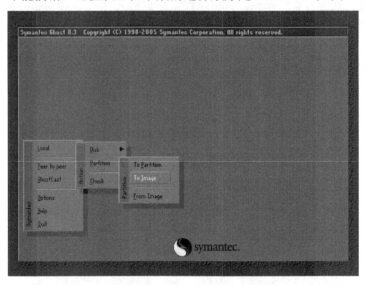

图 3-40　启动 Ghost 程序

步骤 2 屏幕显示出硬盘选择画面，选择分区所在的硬盘"1"，如果只有一块硬盘，可以直接按 Enter 键，如图 3-41 所示。

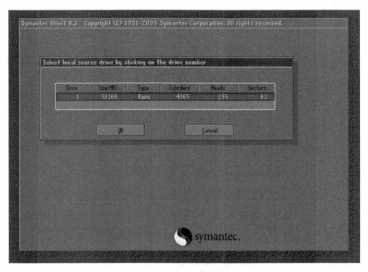

图 3-41　选择硬盘

步骤3　选择要制作镜像文件的分区（即源分区），这里用上下键选择分区"1"（即 C 分区），再按 Tab 键切换到 OK 按钮，再按 Enter 键，如图 3-42 所示。

步骤4　选择镜像文件保存的位置，此时按 Shift+Tab 键可以切换到选择分区的下拉菜单，按上下键选择分区，例如，"1:2"的意思就是第一块硬盘的第二个分区，也就是"D"盘，选好分区后，再按 Tab 键切换到文件选择区域，用上下键选择文件夹，可以再按 Tab 键，切换到"File name"文本框，键入镜像文件名称，如"xp"或"C_BAK.GHO"，然后按 Enter 键即可，如图 3-43 所示。

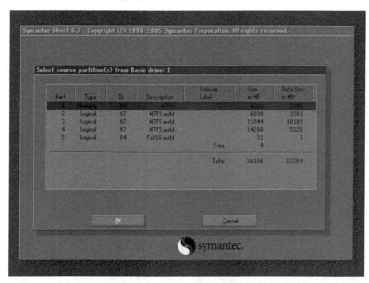

图 3-42　选择制作镜像文件的分区

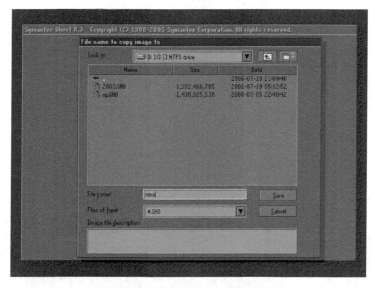

图 3-43　选择镜像文件保存位置

步骤5　接下来 Norton Ghost 会询问你是否需要压缩镜像文件，这里只能用左右键选择。"No"表示不做任何压缩；"Fast"的意思是进行小比例压缩，但是备份工作的执行速度较快；"High"是采用较高的压缩比但是备份速度相对较慢。一般都是选择"High"，虽然速度稍慢，但镜像文件所占用的硬盘空间会大大降低（实际也不会慢多少），恢复时速度很快，如图 3-44 所示。

　　步骤 6　一切准备工作做完后，Ghost 就会问你是否进行操作，此时选择"yes"按钮了，按 Enter 键后，开始制作镜像文件。备份速度与 CPU 主频和内容容量有很大的关系，一般 10min 以内都可以完成。当进度条走到 100%，就表示备份制作完毕了，可以直接按"重启"按钮或 Ctrl+Alt+Del 键，而不用退出 Ghost 或 DOS 系统，如图 3-45 所示。

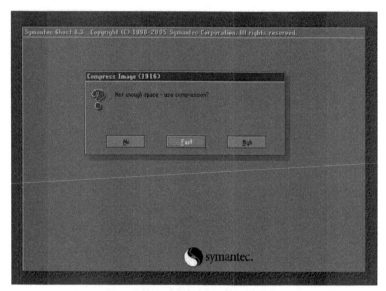

图 3-44　压缩镜像文件选择界面

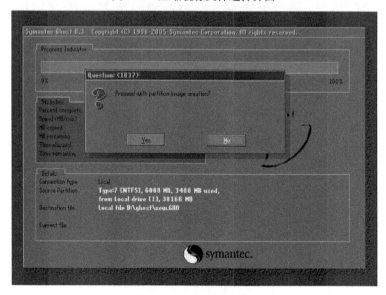

图 3-45　重启系统

　　通过上面的工作，已经制作完成一个 C 盘的备份，在系统出现不能解决的问题时就可以轻轻松松地恢复系统了。

（2）系统备份还原

步骤 1　重启计算机，选择进入 DOS 系统，转到备份盘，进入备份目录，运行 Ghost 程序，选择 Local→Partition→From Image（注意：这次是"From Image"项），恢复到系统盘。记住从上往下数的选择顺序是 1－2－3，完成后重启计算机，如图 3-46 所示。

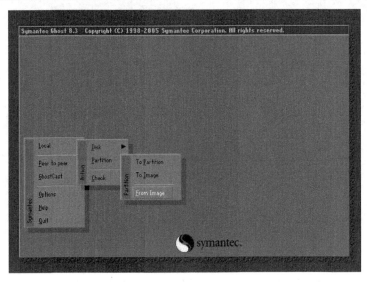

图 3-46　选择备份

步骤 2　选择镜像文件保存的位置，此时按 Shift+Tab 键可以切换到选择分区的下拉菜单，按上下键选择分区。例如，"1:2"的意思就是第一块硬盘的第二个分区，也就是 D 盘，选好分区后，再按 Tab 键切换到文件选择区域，用上下键选择文件夹，用回车进入相应文件夹并选好源文件，也就是*.GHO 的文件，并按回车。如果是从 Ghost 目录启动 Ghost 程序，可以直接看到目录下的 Ghost 备份文件。移动光标选择即可，如图 3-47 所示。

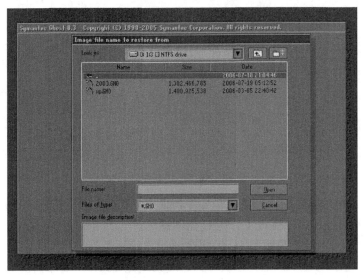

图 3-47　选择备份文件（一）

步骤 3 此时的界面表达的意思是，你所选的源文件是一个主分区的镜像文件，不用理会，直接按 Enter 键，如图 3-48 所示。

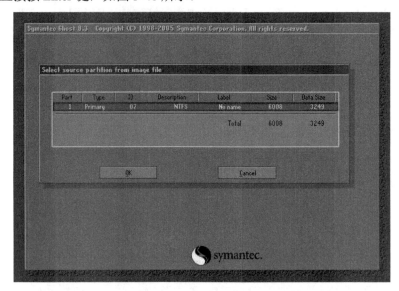

图 3-48 选择备份文件（二）

步骤 4 此时的界面表达的意思是选择硬盘，如果只有一块硬盘，也可以不用理会，直接按 Enter 键，如图 3-49 所示。

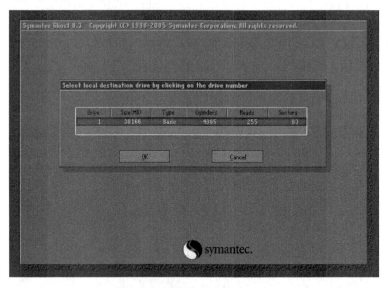

图 3-49 选择备份文件（三）

步骤 5 此时的界面表达的意思是要把镜像文件恢复到哪个分区，一般只对 C 盘操作，所以选择 Primary，也就是主分区 C 盘的意思，如图 3-50 所示。

步骤 6 所有选择完毕后，Ghost 仍会让用户确认是否进行操作，当然，这里要选择"yes"按钮了，按 Enter 键。再次等到进度条走完 100%，镜像就恢复成功了，此时直接选择 Ghost 给出的选项"restart computer"即可重启了，如图 3-51 所示。

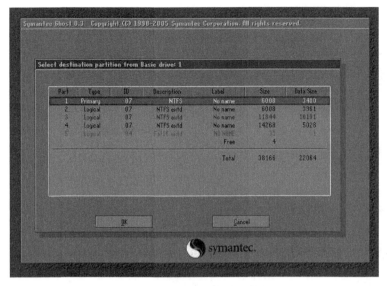

图 3-50　恢复镜像文件到分区

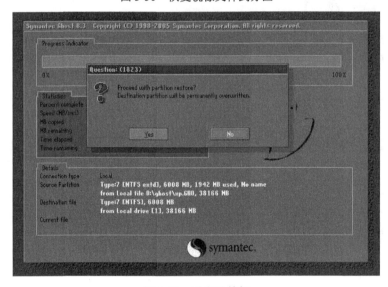

图 3-51　重启计算机

在教师指导下，逐步了解两款备份与还原软件的主要功能，并使用软件对系统进行备份和还原，还原系统之前对重要数据进行保护和备份。

1．如何保护数据？

2．是否需要先备份系统？

学习活动 3.3 | 优化工具软件的使用

1）了解软件维护中的一些注意事项。

2）了解常用的计算机维护软件。

3）熟练使用优化大师检测和优化系统。

4）熟练使用超级兔子优化和维护系统。

向学生展示一款维护软件的功能，以激发学生的学习兴趣。

展示的维护软件由教师教学需求选择。

计算机使用一段时间后，由于软件安装的增多、病毒的侵袭等因素，通常会出现系统运行变缓、蓝屏甚至死机等故障。所以应对主机系统进行有规律的优化和维护。通过本学习活动应使学生学会利用常用软件维护工具优化和维护计算机系统。

1. 系统检测

单左边的"系统信息检测"按钮，选择下面的"系统性能测试"选项，单击右下边侧的"测试"按钮。待测试完，记住右边上面的 3 个数据（计算机目前的数据），如图 3-52 所示。

2. 系统优化

（1）网络系统优化

步骤 1 优化上网。单击界面左边的"系统优化"按钮，选择下面的"网络系统优化"选项。在界面上方选择上网方式，如图 3-53 所示。

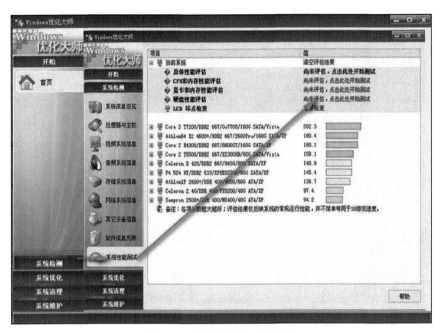

图 3-52　测试计算机当前性能

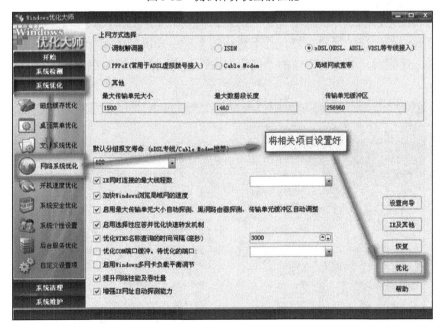

图 3-53　优化上网

步骤 2　设置 IE 主页。单击界面右边的"IE 及其他"按钮，在弹出界面上的"IE 默认主页"的文本框里输入需要的主页。再勾选下面的"禁止更改 IE 属性的默认主页"单选按钮，而后单击"确定"按钮。此时，主页已成为不可更改了，若再想改主页，必须把刚才勾选的复选框取消，如图 3-54 所示。

步骤 3　选择"优化"选项。

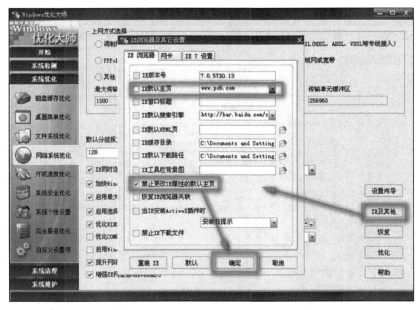

图 3-54 设置 IE 主页

（2）开机速度优化

选择界面左边的"开机速度优化"选项，把上面的选择条拉到"快"的位置。下面白框中是开机就运行的所有程序，若不想让某个程序开机后就运行，就在它前面的单选框中打勾。选完后，单击右下角的"优化"按钮，直到打上勾的都去掉为止，如图 3-55 所示。

图 3-55 优化开机速度

（3）磁盘缓存优化

步骤 1 选择界面左边的"磁盘缓存优化"选项，在界面右边有上下两个能拉动的条，上面的一个拉到和用户内存相一致的位置（上面括号里有显示）；下面的条拉到中间位置。

　　步骤 2　选择下面的"内存整理"选项，在显示的界面上选择"整理"选项，当"内存整理进度"为 100%时，单击"设置"按钮，而后不做任何工作关闭内存整理界面。回到大师界面上单击"优化"按钮。

　　步骤 3　调整虚拟内存盘几大小。选择界面右边的"虚拟内存"选项，在显示的界面上选择"用户自己指定虚拟内存"单选按钮。在"硬盘"选项后选择作为虚拟内存的盘（系统默认的是 C，可选成不常用且剩余空间较大的盘。编者的是 E 盘 5GB，虚拟内存专用）。

　　调整最大（小）值（拉动调整），如 1840MB、640MB（等供参考）。调整完单击"确定"按钮。

　　步骤 4　单击"优化"。

3. 系统清理

1）注册信息清理。选择界面左边的"系统清理"选项，再选择"注册信息清理"选项，单击界面右边的"扫描"按钮。扫描完成后，单击界面右边的"全部删除"，若不想做注册表备份就在弹出的界面上单击"否"按钮，想做备份就单击"是"按钮，而后的画面上单击"确定"按钮。

2）垃圾文件清理。选择界面左边的"垃圾文件清理"选项，把界面上显示的各个盘都选上，单击"扫描"按钮。待扫描完成后，单击"全部删除"按钮，在弹出的画面上单击"确定"按钮，如图 3-56 所示。

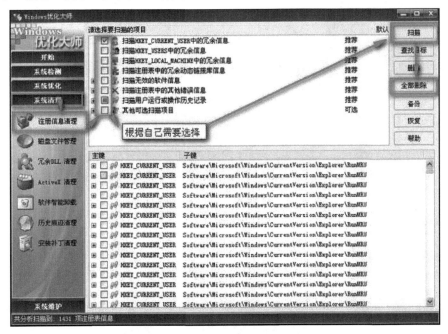

图 3-56　清理优化

4. 系统维护

使用该软件对整机进行性能测试，优化系统，清理系统垃圾文件。

以超级兔子为例，介绍系统维护的方法。超级兔子是一款对计算机进行管理的软件，它的主要功能是对计算机进行检测、清理、防护和管理。运行超级兔子进入它的主界面，如图 3-57 所示。

用户单击"开始检测"按钮可以对计算机进行检测，进度条显示检测进度。

软件的上方横列着 6 个功能区，如图 3-58 所示。

软件的左侧功能区分列如图 3-59 所示。

图 3-57　超级兔子主界面

图 3-58　超级兔子主界面上部功能区

图 3-59　超级兔子主界面
左侧功能区

（1）系统清理

选择"系统清理"选项卡，如图 3-60 所示。用户可以勾选所需清理的项目，然后单击"立即清理"。

（2）系统防护

选择"系统防护"选项卡，客户需要提前下载相关数据，实现计算机防护，如图 3-61 所示。

（3）选项设置

选项设置包括开机启动设置、升级和下载、主程序设置。

用户可以根据需要进行设置。如图 3-62 所示。

（4）开机优化

用户可以对启动项、服务项、系统启动项进行优化。若想恢复原始状态，单击"恢复初始"按钮即可，如图 3-63 所示。

图 3-60　系统清理

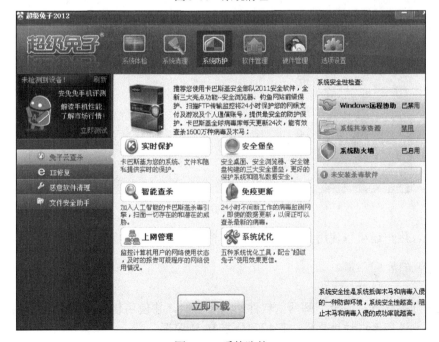

图 3-61　系统防护

图 3-62　选项设置

图 3-63　开机优化

此外，用户还可以使用界面左侧的工具栏对计算机进行修复、清理等。

　　在教师指导下，逐步了解两款软件的主要功能，并使用软件对整机进行性能测试，优化系统，清理系统垃圾文件，保护和修复 IE 浏览器。

1. 能否给注册表减肥？
2. 熟练掌握两款以上软件的使用。

学习活动 3.4 | 文件恢复

1）了解文件恢复中的一些注意事项。
2）了解常用的文件恢复软件。
3）熟练使用两款文件恢复软件。

一份保存在 U 盘的重要文件不慎删除，如何在短时间内恢复文件？通过学生分组讨论解决方案，激发学生的学习兴趣。

我们常常在不经意间把文件误删除了。删除之后想找回文件，发现撤销操作已经无效了。如果文件被删除到回收站里还好，如果直接完全删除了应该怎么办呢？所以应学会利用 Easyrecovery 和 SuperRecovery 等常用数据恢复工具还原文件。

1. 文件恢复的原理

文件之所以能被恢复，须从文件在硬盘上的数据结构和文件的储存原理谈起。新买回的硬盘需分区格式化后才能安装系统使用。一般要将硬盘分成主引导扇区、操作系统引导扇区、文件分配表（FAT）、目录区（DIR）和数据区（Data）5 部分。

在文件删除与恢复中，起重要作用的是"文件分配表"的"目录区"。为安全起见，系统通常会存放两份相同的 FAT；而目录区中的信息则定位了文件数据在磁盘中的具体保存位置——它记录了文件的起始单元（这是最重要的）、文件属性及文件大小等。

在定位文件时，操作系统会根据目录区中记录的起始单元，并结合文件分配表区知晓文件在磁盘中的具体位置和大小。

实际上，硬盘文件的数据区尽管占了绝大部分空间，但如果没有前面各部分，它实际上没有任何意义。

用户平常所做的删除，只是让系统修改了文件分配表中的前两个代码（相当于作了"已删除"标记），同时将文件所占簇号在文件分配表中的记录清零，以释放该文件所占空间。因此，文件被删除后硬盘剩余空间就增加了，而文件的真实内容仍保存在数据区，再写入新数据时才被新内容覆盖，在覆盖之前原数据是不会消失的。恢复工具（如Easyrecovery、SuperRecovery 等）就是利用这个特性来实现对已删除文件的恢复。

2. Easyrecovery 和 SuperRecovery 的使用方法

以 EasyRecovery 软件为例，恢复被格式化的文件。

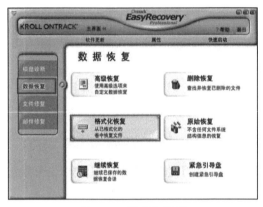

图 3-64　格式化恢复

步骤 1　打开软件后，选择"数据恢复"选项中的"格式化恢复"按钮，如图 3-64 所示。

弹出的"目的地警告"对话框如图 3-65 所示。

意思是：恢复的话最好要选择和被恢复磁盘不同的分区或者移动磁盘，如果有多个磁盘的话可以是其他磁盘，接下来选择一个需要恢复的分区，设置好分区的格式如图 3-66 所示。

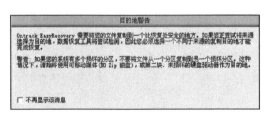

图 3-65　"目的地警告"对话框

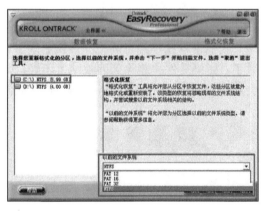

图 3-66　EasyRecovery 分区

步骤 2　软件会自动扫描文件系统，文件系统扫描完毕后会自动扫描文件，如图 3-67 所示。

步骤 3　选择需要恢复的文件，打上勾就可以了，如图 3-68 所示。

步骤 4　设置需要恢复文件保存的位置，如图 3-69 所示。

步骤 5　软件会自动复制恢复好的文件到用户设置的位置，如图 3-70 所示。

步骤 6　复制完成以后，显示完成界面，显示恢复的日志，如图 3-71 所示。

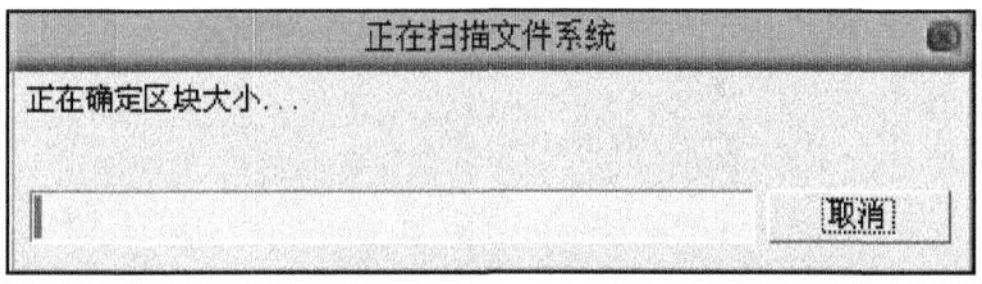

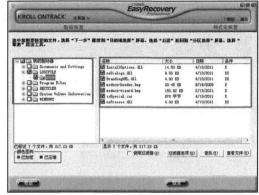

图 3-68　选择需要恢复的文件

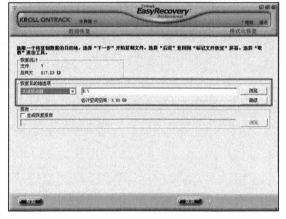

图 3-67　"正在扫描文件系统"对话框

图 3-69　设置需要恢复文件保存的位置

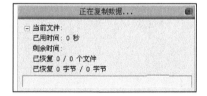

图 3-70　复制恢复好的文件

步骤 7　单击"完成"按钮，弹出"恢复任务"对话框，单击"否"按钮，如图 3-72所示。

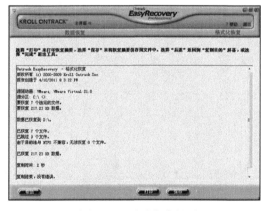

图 3-71　显示完成界面

图 3-72　"保存恢复"对话框

整个恢复过程就此完成。

需要注意的是，格式化后再通过软件恢复，得到的文件有时候会是损坏的，无法打开的，所以不能完全寄希望于用 EasyRecovery，或者其他的恢复软件来恢复，平时我们要有备份重要文件的良好习惯，这才是最重要的。

在教师指导下，逐步了解两款软件的主要功能，并使用软件对整机进行硬盘数据恢复、U盘数据恢复。

1. 数据恢复时如何避免误操作？
2. 熟练掌握两款以上软件的使用。

项目 4

机房计算机维护

 **学习活动 4.1** 机房常用软件的安装与设置

 **活动目标**

前面主要讲述计算机的组装及操作系统的配置与优化，本项目需要掌握对操作系统安装软件，例如，WinRAR、Office 2010、QQ、迅雷和搜狗拼音等一些常见的软件。

 **情景引入**

学校需要建立一个实验室，方便学生能够完成各种实验性的操作。实验室负责人找到了进修大学的王东同学。然而王东同学要完成这一项任务，就必须对一些相关的软件有一定的了解。

 **情景分析**

针对王东同学的情况，先为他准备了相关的操作系统上常用的软件，让他先对这些软件有一定的了解，为后面的软件安装打下基础。

 **相关知识**

1. WinRAR 软件

（1）什么是 WinRAR

WinRAR 是一款功能强大的压缩包管理器，它是档案工具 RAR 在 Windows 环境下的图形界面。该软件可用于备份数据，缩减电子邮件附件的大小，解压缩从 Internet 上下载的 RAR、ZIP 2.0 及其他文件，并且可以新建 RAR 及 ZIP 格式的文件。

（2）WinRAR 的主要特点

1）WinRAR 采用独创的压缩算法。这使得该软件比其他同类 PC 压缩工具拥有更高的压缩率，尤其是可执行文件、对象链接库、大型文本文件等。RAR 在 DOS 时代就一直具备这种优势，经过多次试验证明，WinRAR 的 RAR 格式一般要比 WinZIP 的 ZIP 格式高出 10%～30%的压缩率，尤其是它还提供了可选择的、针对多媒体数据的压缩算法。

2）WinRAR 针对多媒体数据，提供了经过高度优化后的可选压缩算法。WinRAR 对 WAV、BMP 声音及图像文件可以用独特的多媒体压缩算法大大提高压缩率，虽然我们可以将 WAV、BMP 文件转为 MP3、JPG 等格式节省存储空间，但不要忘记 WinRAR 的压缩可是标准的无损压缩。

3）WinRAR 支持的文件及压缩包大小达到 9223372036854775807 字节，约合 9000 PB。事实上，对于压缩包而言，文件数量是没有限制的。

2. Office 2010

（1）什么是 Office 2010

Microsoft Office 2010 是微软推出的新一代办公软件，开发代号为 Office 14，实际是第 12 个发行版。该软件共有 6 个版本，分别是初级版、家庭及学生版、家庭及商业版、标准版、专业版和专业高级版，此外还推出 Office 2010 免费版本，其中仅包括 Word 和 Excel 应用。除了完整版以外，微软还将发布针对 Office 2007 的升级版 Office 2010。Office 2010 可支持 32 位和 64 位 vista 及 Windows 7，仅支持 32 位 Windows XP，不支持 64 位 Windows XP。

（2）Office 2010 的发布时间

Office 2010 的公开测试版已经于 2009 年 11 月 19 日发布，在 2010 年 4 月完成了 RTM 版本，并提供给原始设备制造商。企业用户则可以从 2010 年 5 月 12 日开始获得 Office 2010，对于普通消费者，Office 2010 在 2010 年 7 月同时以在线和零售方式上市。消息称，Office 2010 和 SharePoint 2010 的 RTM 版都在 2010 年 4 月 12 日完成，微软于 2010 年 5 月 12 日在美国纽约正式发布 Office 2010，除了企业版本的这种产品之外，微软还增加了免费的互联网版本的这种软件，微软把这种软件称作 Office Web App。微软还推出了移动访问新的 Office 套装软件的功能。据悉，免费的 Web 版 Office 软件将允许用户从家里访问这些应用程序，而这款免费版本的软件将从 2010 年 6 月 15 日开始提供。

3. 迅雷

迅雷是一款下载软件，迅雷本身不支持上传资源，它只是一个提供下载和自主上传的工具软件。迅雷的资源取决于拥有资源网站的多少，同时需要有任何一个迅雷用户使用迅雷下载过相关资源，迅雷就能有所记录。迅雷使用的多资源超线程技术基于网络原理，能够将网络上存在的服务器和计算机资源进行有效的整合，构成独特的迅雷网络，通过迅雷网络各种数据文件能够以最快的速度进行传递。多资源超线程技术还具有互联网下载负载均衡功能，在不降低用户体验的前提下，迅雷网络可以对服务器资源进行均衡，有效降低了服务器负载。

4. 搜狗拼音

（1）什么是搜狗输入法

搜狗拼音输入法是 2006 年 6 月由搜狐（SOHU）公司推出的一款 Windows 平台下的汉字拼音输入法。搜狗拼音输入法是基于搜索引擎技术的、特别适合网民使用的、新一代的输入法产品，用户可以通过互联网备份自己的个性化词库和配置信息。搜狗拼音输入法是中国国内现今主流汉字拼音输入法之一。

（2）搜狗输入法的主要特点

网络新词：搜狐公司将网络新词作为搜狗拼音最大优势之一。鉴于搜狐公司同时开发搜索引擎的优势，搜狐声称在软件开发过程中分析了 40 亿网页，将字、词组按照使用频率重新排列。在官方首页上还有搜狐制作的同类产品首选字准确率对比。用户使用表明，搜狗拼音的这一设计的确在一定程度上提高了打字的速度。

快速更新：不同于许多输入法依靠升级来更新词库的办法，搜狗拼音采用不定时在线更新的办法。这减少了用户自己造词的时间。

整合符号：对于这一项在同类产品中也有做到，如拼音加加。但搜狗拼音将许多符号表情也整合进词库，如输入"haha"得到"^_^"。另外还有提供一些用户自定义的缩写，如输入"QQ"，则显示"我的 QQ 号是×××××"等。

笔画输入：输入时以"u"做引导可以"h"（横）、"s"（竖）、"p"（撇）、"n"（捺，也作"d"（点））、"t"（提）用笔画结构输入字符。

值得一提的是，竖心的笔顺是点点竖（nns），而不是竖点点。

手写输入：最新版本的搜狗拼音输入法支持扩展模块，联合开心逍遥笔增加手写输入功能，当用户按"u"键时，拼音输入区会出现"打开手写输入"的提示，或者查找候选字超过两页也会提示，单击可打开手写输入（如果用户未安装，单击会打开扩展功能管理器，可以单击"安装"按钮在线安装）。该功能可帮助用户快速输入生字，极大地增加了用户的输入体验。

输入统计：搜狗拼音提供一个统计用户输入字数，以及打字速度的功能。但每次更新都会清零。

输入法登录：可以使用输入法登录功能登录搜狗、搜狐、chinaren、17173 等网站会员。

个性输入：用户可以选择多种精彩皮肤，更有每天自动更换一款的<；皮肤系列>；功能。最新版本按"i"键可开启快速换肤。

细胞词库：细胞词库是搜狗首创的、开放共享、可在线升级的细分化词库功能。细胞词库包括但不限于专业词库，通过选取合适的细胞词库，搜狗拼音输入法可以覆盖几乎所有的中文词汇。

截图功能：可在选项设置中选择开启、禁用和安装、卸载。

1. WinRAR 软件的安装

步骤 1 用鼠标双击安装程序的图标，开始安装 WinRAR 软件，如图 4-1 所示。

步骤 2 在弹出的安装程序窗口中，选择安装 WinRAR 软件，如图 4-2 所示。

步骤 3 几秒钟后，安装便会完成。在弹出的程序设置窗口中，直接单击"确定"按钮，如图 4-3 所示。

图 4-1 WinRAR 软件的安装 1

图 4-2 WinRAR 软件的安装 2

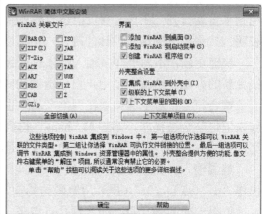

图 4-3 WinRAR 软件的安装 3

步骤 4 整个 WinRAR 软件安装过程顺利完成，如图 4-4 所示。

2. Office 2010 的安装步骤

步骤 1 打开解压后的文件夹，选中最右边的文件 SETUP 并打开，如图 4-5 所示。

步骤 2 打开后出现下方页面，准备安装，如图 4-6 所示。

步骤 3 完成上面内容后，会出现"阅读 Microsoft 软件许可证条款"对话框，在这个对话框中必须在"我接受此协议的条款"前的选择框内打勾，单击"继续"按钮，否则安装终止，如图 4-7 所示。

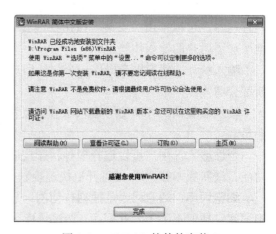

图 4-4 WinRAR 软件的安装 4

图 4-5　Office 2010 的安装 1

图 4-6　Office 2010 的安装 2

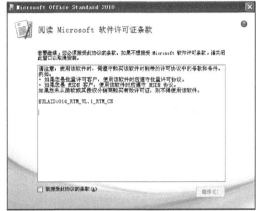

图 4-7　Office 2010 的安装 3

步骤 4　选择安装类型，包括升级安装和自定义安装两种类型。这里选择"自定义"安装。选择了"自定义"安装后，会出现如下所示"自定义 Microsoft Office 程序的运行方式"，如图 4-8 所示。其中包括 Office 办公软件的常用程序，如 Excel、Outlook、Word、Office 工具等常用程序，如图 4-9 所示。

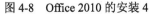

图 4-8　Office 2010 的安装 4

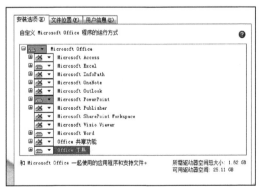

图 4-9　Office 2010 的安装 5

步骤 5　假如原先计算机已装有 Office 软件，会出现如下页面，选择第一个会删除原先的 Office 软件，选择第二个两个可以并存，选择第三个会删除早前的几个部分软件，用户可自行选择，如图 4-10 所示。

步骤 6　在"安装选项"选项卡中选择需要的部件安装，然后在"文件位置"中选择 D 盘或其他盘安装，以减小系统盘 C 盘的压力，如图 4-11 所示。

 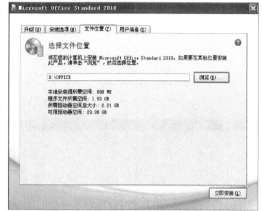

图 4-10　Office 2010 的安装 6　　　　　　图 4-11　Office 2010 的安装 7

步骤 7　选好要安装的位置盘后单击"立即安装"按钮，出现如图 4-12 所示的"安装进度"对话框。

步骤 8　这里需要安装一段时间，安装好了会提示安装成功。

3. 迅雷的安装步骤

步骤 1　双击运行迅雷 7 的软件安装包，如图 4-13 所示。

图 4-12　Office 2010 的安装 8　　　　图 4-13　迅雷 7 的软件安装包

步骤 2　单击"下一步"按钮，单击"自定义安装"按钮，并且选择"已同意并阅读迅雷软件的许可协议"，如图 4-14 所示。

步骤 3　设置软件的安装目录并单击"安装"按钮，如图 4-15 所示。

步骤 4　单击"立即安装"按钮，出现如图 4-16 所示的正在安装的进度条。等待安装进度达到 100% 时，安装完成。

4. 搜狗输入法的安装步骤

步骤 1　双击"sogou_pinyin_74i"文件，开始安装，如图 4-17 所示。

图 4-14　迅雷 7 的安装 1

图 4-15　迅雷 7 的安装 2

图 4-16　迅雷 7 的安装 3

图 4-17　搜狗输入法的安装 1

步骤 2　在此页面单击"立即安装"按钮，在默认目录安装，或者单击"浏览"按钮选择搜狗输入法安装目录，如图 4-18 所示。

步骤 3　完成上面的步骤后，会出现如图 4-19 所示的对话框，表明搜狗输入法正在安装，待进度条达到 100% 时安装完成。

图 4-18　搜狗输入法的安装 2

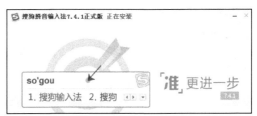

图 4-19　搜狗输入法的安装 3

步骤 4　等待安装进度达到 100% 时，会弹出如图 4-20 所示"安装完成"对话框。

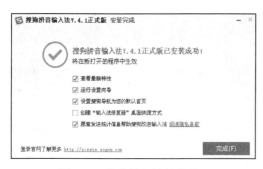

图 4-20 搜狗输入法的安装 4

在这一个对话框中可以查看搜狗输入法的最新特性、运行的设置等相关的内容。然后单击"完成"按钮。

5. 广播教学软件的安装与使用

（1）准备工作

进行教师机及学生机网卡设置。

1）教师机：IP：192.168.2.1，子网掩码：255.255.255.0。

2）学生机：IP：192.168.2.2，子网掩码：255.255.255.0。

（2）软件安装

1）教师端。

步骤 1 教师机安装，下载极域电子教室安装包，解压安装包，如图 4-21 所示。

步骤 2 双击"teacher.exe"进行教师端安装，在弹出的"选择安装语言"对话框中选择简体中文，如图 4-22 所示。

图 4-21 下载并解压安装包

图 4-22 "选择安装语言"对话框

步骤 3 单击"确定"按钮后，在弹出的"安装配置向导界面"对话框中单击"下一步"按钮，如图 4-23 所示。

步骤 4 在弹出的"最终用户许可协议"对话框中，选择"我接受《许可协议》中的条款"后单击"下一步"按钮，如图 4-24 所示。

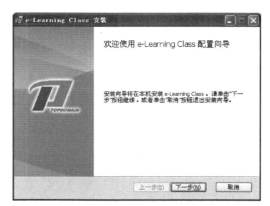

图 4-23 "安装配置向导界面"对话框

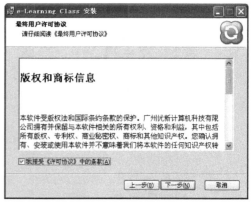

图 4-24 "最终用户许可协议"对话框

步骤 5 在弹出的"自述文件"对话框中，单击"下一步"按钮，如图 4-25 所示。

步骤 6　在弹出的"目标文件夹"对话框中，选择可以更改安装的目录位置，并记住这个安装目录。单击"下一步"按钮，如图 4-26 所示。

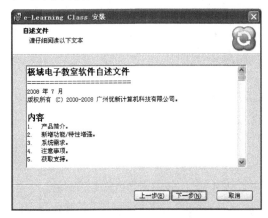

图 4-25　"自述文件"对话框　　　　　图 4-26　"目标文件夹"对话框

步骤 7　在弹出的"选择开始菜单快捷方式文件夹"对话框中，选择快捷方式的位置，然后单击"下一步"按钮，如图 4-27 所示。

步骤 8　在弹出的"准备安装"对话框中，单击"安装"按钮开始安装，如图 4-28 所示。

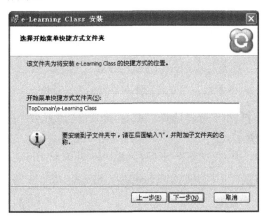

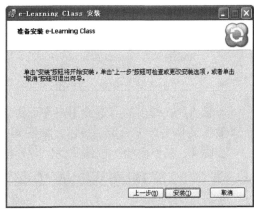

图 4-27　"选择开始菜单快捷方式文件夹"对话框　　　图 4-28　"准备安装"对话框

步骤 9　在弹出的"正在安装"对话框中，可以看安装进程，如需要终止安装可单击"取消"按钮，如图 4-29 所示。

步骤 10　完成安装后，会弹出"安装向导已完成"对话框，单击"完成"按钮，完成安装，如图 4-30 所示。

2）学生端。

步骤 1　在安装文件夹中选择"student.exe"进行学生端安装，在弹出的"选择安装语言"对话框中选择简体中文，如图 4-31 所示。

步骤 2　单击"确定"按钮后，在弹出的"安装配置向导界面"对话框中单击"下一步"按钮，如图 4-32 所示。

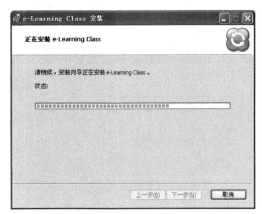

图 4-29　"正在安装"对话框

图 4-30　"安装向导已完成"对话框

图 4-31　"选择安装语言"对话框

图 4-32　"安装配置向导界面"对话框

　　步骤 3　在弹出的"最终用户许可协议"对话框中，选择"我接受《许可协议》中的条款"后单击"下一步"按钮，如图 4-33 所示。

　　步骤 4　在弹出的"自述文件"对话框中，单击"下一步"按钮，如图 4-34 所示。

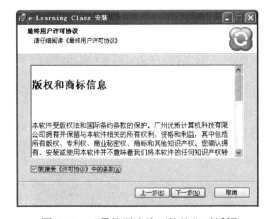

图 4-33　"最终用户许可协议"对话框

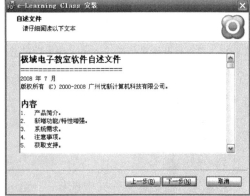

图 4-34　"自述文件"对话框

　　步骤 5　在弹出的"目标文件夹"对话框中，选择可以更改安装的目录位置，并记住这个安装目录。单击"下一步"按钮，如图 4-35 所示。

步骤 6 在弹出的"选择开始菜单快捷方式文件夹"对话框中，选择快捷方式的位置，然后单击"下一步"按钮，如图 4-36 所示。

图 4-35 "目标文件夹"对话框 图 4-36 "选择开始菜单快捷方式文件夹"对话框

步骤 7 在弹出的"卸载密码"对话框中，录入密码防止学生私自卸载软件，然后单击"下一步"按钮，如图 4-37 所示。

步骤 8 在弹出的"班级频道"对话框中，输入班级频道，选择频道 1，单击"下一步"按钮，如图 4-38 所示。

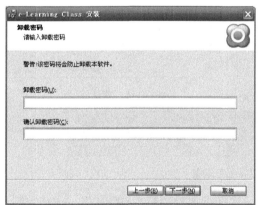
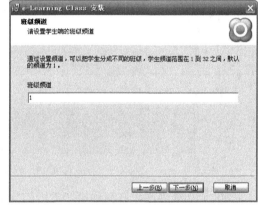

图 4-37 "卸载密码"对话框 图 4-38 "班级频道"对话框

步骤 9 在弹出的"准备安装"对话框中，选择"安装"按钮进行安装，如图 4-39 所示。

步骤 10 在弹出的"正在安装"对话框中，可以看安装进程，如需要终止安装，可单击"取消"按钮，如图 4-40 所示。

步骤 11 完成安装后，会弹出"安装向导已完成"对话框，单击"完成"按钮，完成安装，在弹出的系统提示中单击"重启计算机"按钮，如图 4-41 所示。

（3）极域电子教室的使用方法

1）登录界面，如图 4-42 所示。

2）教师端界面。

① 简洁的工具条，能够实现基本的功能，如图 4-43 所示。

图 4-39 "准备安装"对话框

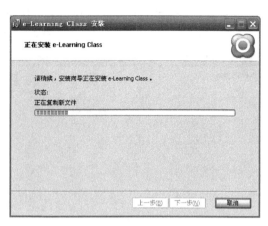

图 4-40 "正在安装"对话框

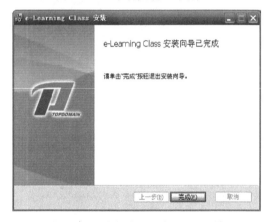

图 4-41 "安装向导已完成"对话框

图 4-42 登录界面

图 4-43 教师端界面工具条

② 全功能界面，右侧列出了常用的功能，上面按钮分别是：程序限制、上网限制、学生签到、黑屏、取消黑屏、视图。注意：在全功能界面下可以用缩略图的形式直接看到学生桌面，虽然有点小，但要是学生玩游戏，那么一眼就能看清。唯一的缺点是不能自定义，如图 4-44 所示。

3）常用功能使用。

① 广播教学：除了全屏和窗口广播模式外，还增加了绑定窗口模式。老师可以选择屏幕的某个部分广播给学生，以增加教学的直观性。可以通过"选项"|"屏幕广播"选项对绑定的分辨率进行设置（共有 800*600、1024*768、1280*1024 三种模式可供选择），图 4-45 是屏幕广播时的工具条。

② 网络影院：功能支持各种类型的媒体文件，例如：*.MPG，*.MPEG，*.M2V，*.MPV，*.MP3，*.MP3，*.MP4，*.DAT。，*.MOV，*.VOB，*.AVI，*.RM，*.RMVB，*.ASF，*.WMV。可以说对常见的媒体文件基本都支持。而且在播放过程中比较流畅，

没有出现跳帧、停顿等现象。

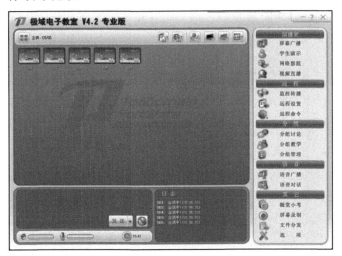

图 4-44　全功能界面

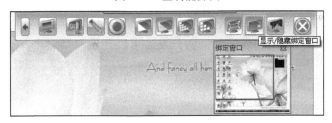

图 4-45　广播教学

其实教师也可以通过广播教学的方式播放视频，学生照样可以收看。只不过这样教师就不能干别的事情了。

③ 监控功能：最多可以 16 画面监控，并支持手动或自动切换、对焦等功能，在监控界面下可以通过快捷菜单打开远程控制功能，如图 4-46 所示。

图 4-46　监控功能

4）远程设置。可以设置显示分辨率、桌面主题、壁纸、屏保，以及远程进行客户端的安全设置，如图 4-47 所示。

图 4-47　远程设置

5）文件分发。支持文件或文件夹的分发，可以分发的桌面、我的文档，也可以自定义指定目录。

学习活动 4.2 ▌ 机房计算机安全设置

在对机房计算机进行组装并安装必要的软件之后，现在王东同学需要对机房中的计算机进行安全设置。例如，冰点还原精灵、360 杀毒软件、NTFS 格式共享安全设置等相关的安全软件设置。

针对前面王东同学对计算机机房的电脑组装以及计算机学习必要的软件的安装，能够方便学生完成各种实验性的操作，但是计算机并没有什么安全的保障。那么王东同学的当务之急就是必须对计算机进行安全设置，从而保障计算机的安全。

机房中的计算机已经组装完成，并且安装了必要的软件。为了能够让计算机得到安全保障，那么王东同学需要下载冰点还原精灵，让计算机使用过后还原到最初状态。然

后对杀毒软件进行设置，让计算机不感染病毒，从而保障计算机的安全。

1. 冰点还原精灵

冰点还原精灵（Deep Freeze）是由 Faronics 公司出品的一款系统还原软件，冰点还原精灵可以保护用户的硬盘免受病毒侵害，重新恢复删除或覆盖的文件，彻底清除安装失败的程序，并避免由于系统死机带来的数据丢失等问题。只需简单的几步安装，即可安全地保护用户的硬盘数据。还原精灵的安装不会影响硬盘分区和操作系统，具有轻松安装、动态保护、实时瞬间恢复的特点。

（1）安装冰点还原精灵的好处

所有更改都是临时的，具体如下。

1）安装新软件。

2）卸载软件。

3）删除文件夹、文件及其他任何东西。

4）强行关机或复位重启（开机不会出现扫描程序）。

5）病毒感染。

6）更改桌面及背景。

7）更改注册表。

8）格式化硬盘。

9）各种粗暴的破坏。

以上操作开机重启后一切将还原成初始状态！

（2）冰点还原精灵的主界面设置

1）在安装冰点还原精灵时，系统默认还原的是系统当中所有的驱动器。在这里默认的驱动器就是"C 盘、E 盘"，当然也可以自定义还原驱动器，如图 4-48 所示。

2）安装完成冰点还原精灵后出现的第一个主机界面如图 4-49 所示：要求用户设置密码。通过设置冰点还原精灵软件的密码可以对还原精灵软件安全得到保障。

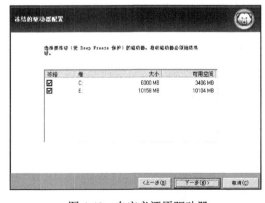

图 4-48　自定义还原驱动器

图 4-49　设置密码

3）进入 Deep Freeze 的主界面，如图 4-50 所示。在这个界面可以设置系统下一次启动的状态，包括了"启动后冻结、启动后解冻下、启动后解冻"3 个选项。在这一页面还可以看到安装 Deep Freeze 软件的许可证密钥等相关的内容。

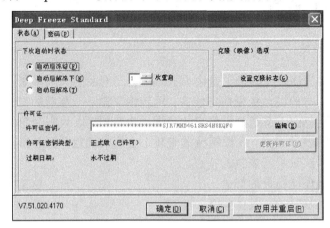

图 4-50 Deep Freeze 主界面

2. 360 杀毒软件

（1）360 杀毒软件基本概述

360 杀毒软件是 360 安全中心出品的一款免费的云安全杀毒软件，具有病毒查杀率高、资源占用少、升级迅速等优点。360 杀毒无缝整合了来自罗马尼亚的国际知名杀毒软件 BitDefender（比特梵德）病毒查杀引擎，国际权威杀毒引擎小红伞（4.0 正式版可选同时开启小红伞和 BitDefender 两大知名反病毒引擎），360QVM 第二代人工智能引擎、360 系统修复引擎、360 安全中心潜心研发的云查杀引擎。五引擎智能调度为用户提供完善的病毒防护体系。360 杀毒可以第一时间防御新出现的病毒和木马。并且完全免费，无需激活码，轻巧快速不卡机，适合中低端机器，360 杀毒采用全新的"SmartScan"智能扫描技术，扫描速度奇快，能为计算机提供全面保护，二次查杀速度极快。同时，360 杀毒可以与其他杀毒软件共存，是一个理想杀毒备选方案。360 杀毒软件于 2009 年 10 月通过了公安部计算机病毒防治产品检验中心的检验，2009 年 12 月首次参加国际权威 VB100 认证即获通过，2011 年 4 月再度高分通过 VB100 测试。

（2）安装 360 控制中心

控制中心是 360 企业版的管理台，部署在服务器端，采用 B/S 架构，可以随时随地通过浏览器打开访问。

它主要负责设备分组管理、策略制定下发、全网健康状况监测、统一杀毒、统一漏洞修复以及各种报表和查询等。

1）企业终端。企业终端部署在需要被保护的服务器或者终端，执行最终的杀毒扫描、漏洞修复等安全操作。并向安全控制中心发送相应的安全数据。

2）网络。

① 控制中心：控制中心对网络要求比较严格，需要具有固定 IP 地址。

终端安装部署的时候，需要用到控制中心的 IP，并把该地址写入相应的配置文件中，如果终端部署以后，该地址发生变化，那么终端就无法通过配置文件中相应的 IP 找到控制中心，在控制中心也就无法查看和管理该终端。

如果控制中心所在网络的机器都是自动获取 IP 地址，可以简单地在本机的本地连接进行设置，使控制中心使用合法的固定 IP，重启后不用再担心发生变化。步骤如下。

a. 获取当前合法 IP、子网掩码、网关、DNS 等。打开 dos 窗口，输入 ipconfig –all，如图 4-51 所示。

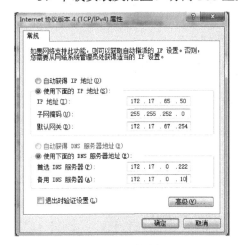

图 4-51　dos 窗口

通过上述步骤即可获得相应的参数。

b. 设置固定 IP。打开本地链接的设置页面，设置 TCP/IP 的属性（如果是 Windows 7 操作系统，要设置 v4），把从图 4-51 中获取的参数填入即可，如图 4-52 所示。

单击"确定"按钮退出，该机器重启后，IP 地址将不会发生变化。

② 终端：终端对网络要求比较低，不要求 IP 地址固定。

③ 网络：确保终端和控制中心之间的网络畅通，如果终端和控制中心之间有防火墙或者类似的安全设备需要进行相应设置，避免网络拦截。

根据项目 2 中的要求，准备好环境之后，就可以开始下载安装 360 企业版了。

3）下载安装及配置。访问 360 企业版的官网，如图 4-53 所示。

图 4-52　设置固定 IP　　　　　　　图 4-53　360 企业版的官网

如果要部署控制中心的服务器可以直接上网，直接下载安装。

如果服务器处于隔离网内部，无法上网，下载离线安装包，然后复制离线安装包至内网服务器，再安装部署控制中心。

360 企业版沿用 360 产品一贯的易用风格，安装过程比较简易，基本上单击"下一步"按钮就可以了。

安装完成后，可以打开配置向导，做简单的配置。

在 Windows 的开始菜单|所有程序|360 企业版控制中心|360 企业版服务端配置向导下设置 IP 地址和端口，如图 4-54 所示。

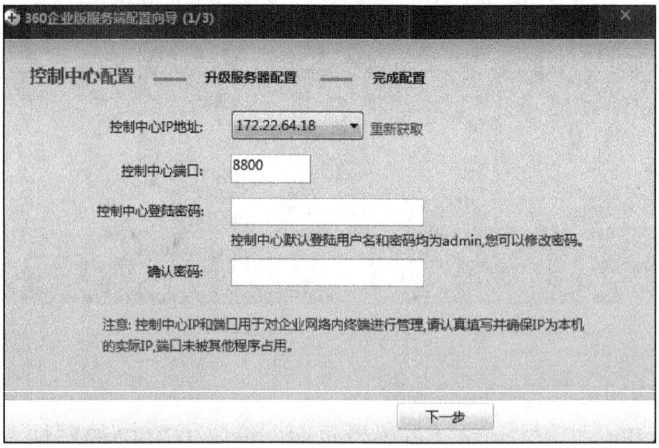

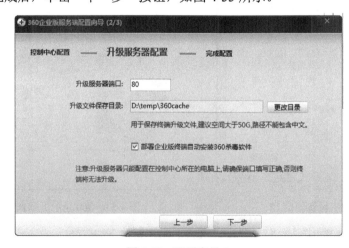

图 4-54　配置向导 1

该页面有如下 3 项需要设置。

① IP 地址。该地址需要确保固定，而且是将来要部署的终端能够访问到的 IP 地址。

② 管理端口。该端口为管理员通过浏览器登录控制中心时使用的端口，该端口可以随意修改，确保未被其他应用占用即可。并要牢记，以免登录控制中心时产生麻烦。

③ admin 用户密码。如果不填写，默认为 admin。

备注：为了安全起见，如果密码为默认 admin，其他终端通过浏览器是无法访问控制中心的，所以建议在这里把密码改掉。

都填写完成后，单击"下一步"按钮，如图 4-55 所示。

图 4-55　配置向导 2

该页面有如下两个配置项。

① 升级端口。该端口也是终端安装时访问页面的端口，默认为 80，可以任意修改，确保未被其他应用占用即可。但是，如果已经部署了终端，就不能修改了。如果必须修改，请参考控制中心迁移功能。

② 缓存目录。该目录会存在网内终端升级时需要的文件，包括病毒库版本、操作系统补丁等，最好不要放在系统盘，以免影响系统运行。

设置完成后，单击"下一步"按钮即可完成控制中心的配置工作。

至此，360 企业版控制中心安装配置完毕，管理人员可以通过控制中心管理终端了。

控制中心安装完成后，就可以部署终端了，360 企业版提供了丰富的终端安装部署方式，可以登录控制中心，单击图 4-56 中"部署终端"按钮，来显示安装部署页面。

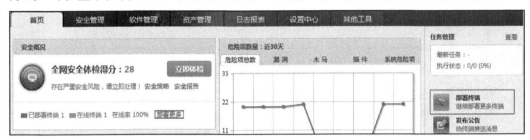

图 4-56　"部署终端"命令

安装部署页面如图 4-57 所示。

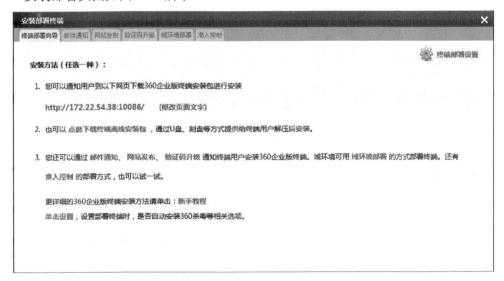

图 4-57　安装部署页面

单击"终端部署设置"按钮，打开设置页面，如图 4-58 和图 4-59 所示。

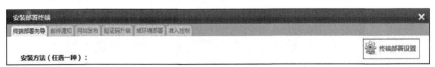

图 4-58　安装部署终端页面

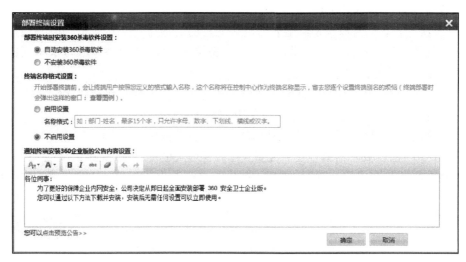

图 4-59 部署终端设置页面

在此页面，可以对终端部署时的常用选项做一些设置，主要如下。

杀毒的默认安装：如果选择了自动安装 360 杀毒软件，则安装完企业版的卫士终端后，会开始安装 360 杀毒。如果选择了不安装 360 杀毒软件，则安装完企业版的卫士终端后，安装过程结束，不安装杀毒。

打开浏览器（终端或者控制中心都可以），输入 http://192.168.15.101:8800。

其中 192.168.15.101 是控制中心地址，8800 是控制中心管理端口，如果不能确认该地址和端口，可以参考项目 2 中关于控制中心的配置，如图 4-60 所示。

图 4-60 "控制中心"的配置

输入账号、密码和相应的验证码，单击"登录"按钮即可进入控制中心。

控制中心的主界面如图 4-61 所示。

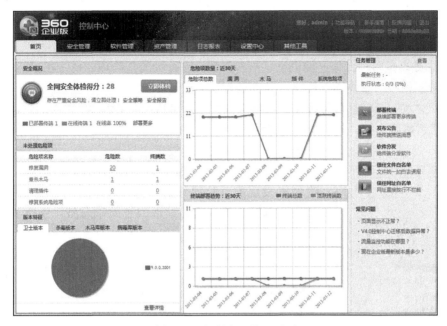

图 4-61　控制中心的主界面

主界面分为两个大的区域。

1）Banner 区：该区域主要展示企业版 Logo，显示版本相关信息等，企业版的菜单包含在该区域。如图 4-61 上部分所示区域。

2）主功能区域：该区域是企业版主要区域，主要的功能操作、数据展示等都在该区域进行。选择不同的菜单，该区域会显示不同的内容，后续会逐个功能进行描述。如图 4-61 下部分所示区域。

① 首页。首页主要是展示网内终端的安全概况和一些常用功能，如图 4-62 所示。

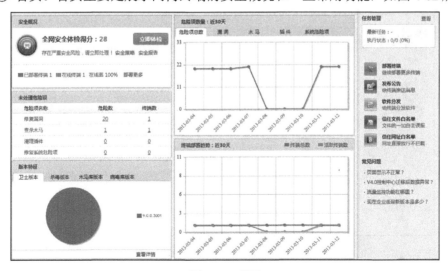

图 4-62　首页

a. 安全概况：通过该区域，可以看出全网的安全体检得分，从而对全网的终端安全情况有个整体概念。还可以从这里下发全网立即体检的指令，并可以设置安全策略，查看安全报告。

  b. 未处理危险项：该区域列出了网内终端没有处理的危险项，单击相应的危险项，可以跳转到相应的模块进行处理。

  c. 版本特征：该区域描述了终端的版本情况，包括：卫士版本、杀毒版本、木马库版本、病毒库版本等。分别以饼图表示各种版本的占比，以便一目了然地了解网内版本情况，针对终端进行升级。

图 4-63　任务管理

  d. 危险项数量：该区域以折线图方式，展示了网内所有终端发现的危险项数量，包括：漏洞、木马、插件、系统危险项等。该数量是发现的危险项总数，包括了处理的和未处理的。

  e. 终端部署趋势：该区域以折线图方式展示了网内终端的部署情况，分为两条线，一条表示部署的总数量，另一条是活跃终端。通过该图可以了解终端部署情况和开机活跃情况。

  f. 任务管理：通过任务管理，可以查看已经下发的任务执行情况，并且可以撤销、删除以前下发过的任务，如图 4-63 所示。

  最新任务后边的链接是进入任务管理页面的按钮，文字会随着最新发布的任务变化。单击该链接会弹出任务管理窗口，如图 4-64 所示。

该窗口分类显示了已经下发的任务及其执行情况。

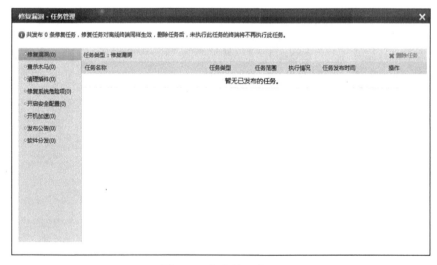

图 4-64　任务管理窗口

  由于下发的任务具有长期有效性，比如说：当下发了一个任务禁止了某个启动项后，只要该任务存在，即使终端恢复了该启动项，在终端重启后，由于任务的长期有效性，该启动项仍然会被禁止。因此，当下发了某些不合适的任务后，需要在此处删除，以避免其后续影响。

② 常用功能区。该区域提供了常用的管理功能，包括：终端部署、发布公告、软件分发、信任文件名单、信任网址名单等。各功能在后续模块中会有详细描述，在此不再赘述。

③ 常见问题区。该区域列出了企业版使用过程中可能会遇到的常见问题，单击后，会链接到我们的论坛解答区。如果是隔离网环境，可以无视这个区域。

④ 安全管理。安全管理是企业版的核心模块，主要处理网内终端的安全问题，界面如图 4-65 所示，分为 3 个区域，上方是功能区，可以从不同角度来查看终端安全情况并进行处理，左侧是终端树，列出了网内的所有终端，右侧是数据区，描述了相应安全选项的终端情况。

图 4-65　安全管理

a. 监控中心：监控中心展示了网内终端的安全情况。

终端按状态分为在线终端、离线终端和已卸载终端，在线终端又根据安全情况分为不健康、亚健康和健康终端，并列出了各类终端的数量，以便从整体掌握情况，如图 4-66 所示。

图 4-66　网内终端安全情况

在监控中心，可以对终端下发各种安全指令，包括：体检、修复漏洞、快速查毒、清理插件、查杀木马、修复危险项等。选中相应的终端，单击相应按钮即可，如图 4-67 所示。

图 4-67　可以对终端下达的安全指令

图 4-68　某个终端的详细安全报告

在监控中心，也可以获取某个终端的详细安全报告，如图 4-68 所示。

终端安全报告如图 4-69 所示。在体检报告中，可以单击"一键修复"按钮来修复所有问题，也可以单击某个问题后的按钮来修改该问题。

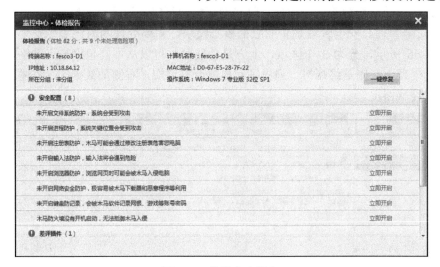

图 4-69　终端安全报告

在监控中心可以修改终端别名，单击图 4-70 所示的按钮。

输入正确的别名，然后单击"确定"按钮即可，如图 4-71 所示。

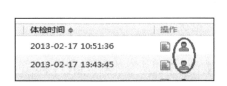

图 4-70　修改终端别名

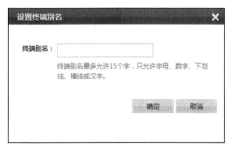

图 4-71　设置终端别名

b. 终端升级：该模块主要帮助终端及时升级更新病毒木马库以及程序版本。

如图 4-72 所示，显示内网终端的卫士版本、杀毒版本、木马库日期和杀毒库日期，当其中任一版本比较低的时候，会出现绿色升级小箭头，单击该箭头之后终端就会升级相对应的版本。

c. 漏洞：该模块主要是处理网内的漏洞问题。

漏洞既可以按漏洞显示，也可以按终端显示。

按漏洞显示时，如图 4-73 所示，每个漏洞一行，显示了有该漏洞的终端数，单击漏洞后的"立即修复"按钮，则所有有该漏洞的终端都会修复该漏洞，单击"忽略"按钮，则所有终端以后都会忽略该漏洞，在体检时将不再显示该漏洞。

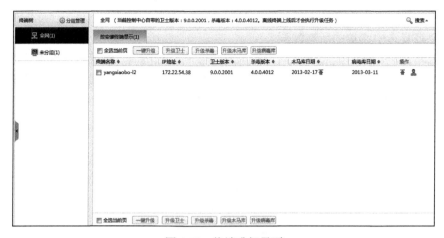

图 4-72　终端升级界面

图 4-73　按漏洞显示

按终端显示时，如图 4-74 所示，每台终端一行，描述该终端有多少漏洞，单击"立

图 4-74　按终端显示

即修复"按钮，则会修复该终端的所有漏洞。可以选择多台终端，单击"立即修复"按钮，则会修复选中终端的所有漏洞。

已忽略漏洞，该功能展示在网内被忽略的漏洞，如图 4-75 所示。可以选中已经忽略的漏洞，单击"取消忽略"按钮，这样，该漏洞会重新被扫描发现，并可以修复。

图 4-75　已忽略漏洞

d. 病毒：该模块主要是处理网内的病毒问题。

对于已经安装 360 杀毒的终端，可以在控制中心下发指令让终端进行杀毒。选中所有终端或者相应的终端，单击相应按钮即可，有快速查杀、全面查杀、宏病毒扫描 3 种，如图 4-76 所示。

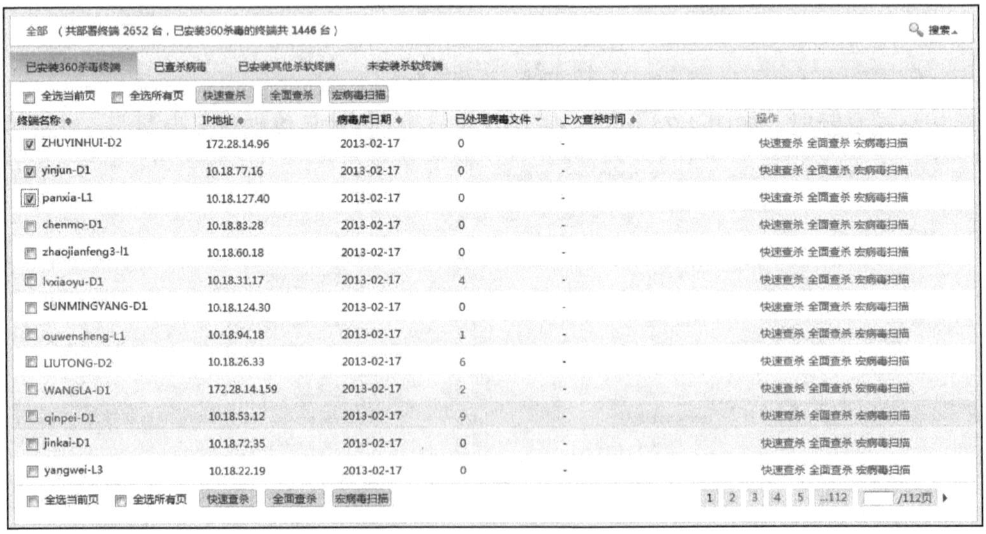

图 4-76　终端杀毒命令

对于未安装杀毒软件的终端，可以提醒其安装 360 杀毒。选中要提醒的终端，单击"提醒安装"按钮即可，如图 4-77 所示。

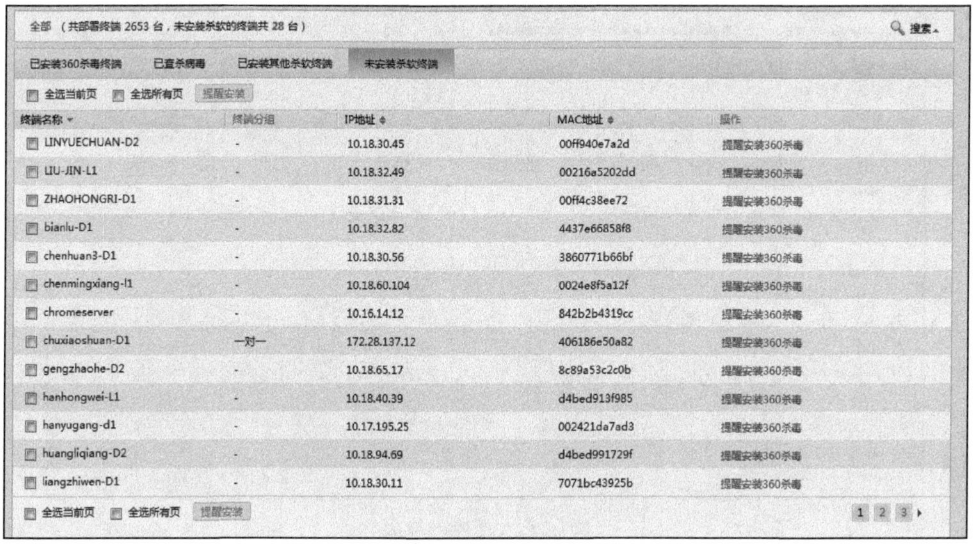

图 4-77 安装 360 杀毒软件命令

在该模块，也可以查看已经查杀的病毒和安装了其他杀毒软件的终端。

e. 木马：该模块主要处理网内的木马及相关问题。

可以按危险项显示，显示每个危险项的终端数量，可以选择相应的危险项，单击"立即修复"按钮，则所有有该危险项的终端都会修复该危险项，如图 4-78 所示。

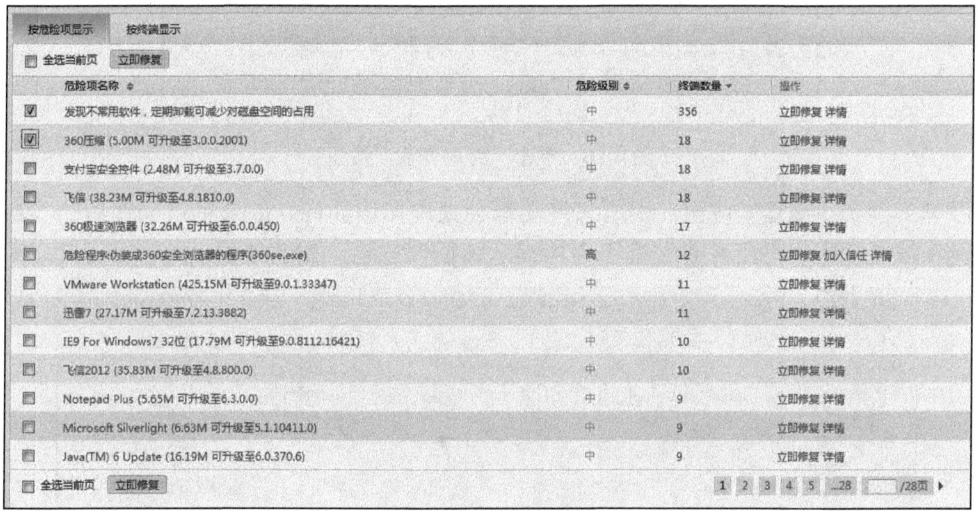

图 4-78 按危险项显示

也可以按终端显示，每行显示一个终端，并显示该终端的危险数，选中要修复的终端，单击"立即修复"按钮，则这些终端就会修复所有的危险项，如图 4-79 所示。

也可以单击"终端详情"按钮，则显示该终端的危险项细节，可以有选择性地修复危险项，如图 4-80 所示。

f. 插件：该模块处理网内终端的插件问题。

可以按插件展示，每行显示一个插件，显示其涉及的终端数。可以选择要处理的插

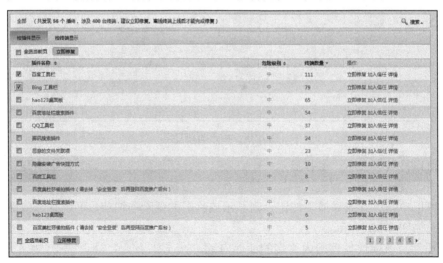

图 4-79 按终端显示

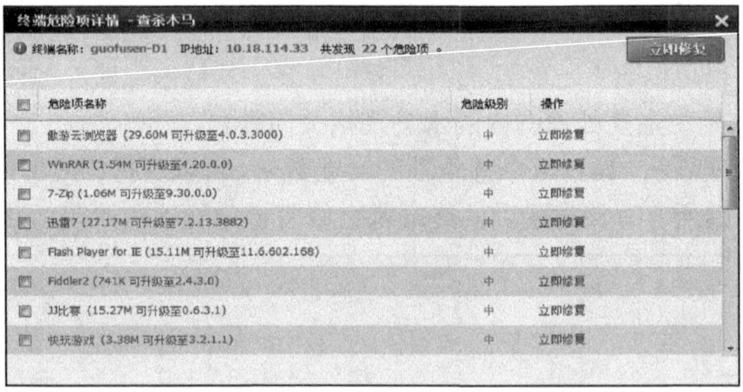

图 4-80 单击"终端详情"按钮

件，单击"立即修复"按钮，则所有终端都会处理掉该插件。如果单击插件后的"加入信任"按钮，则网内所有终端都不会再提示该插件危险，如图 4-81 所示。

图 4-81 按插件显示

也可以按终端展示，每行显示一个终端，并显示该终端具有的不良插件数，选择相应终端，单击"立即修复"按钮，则会处理掉终端的所有不良插件，如图 4-82 所示。

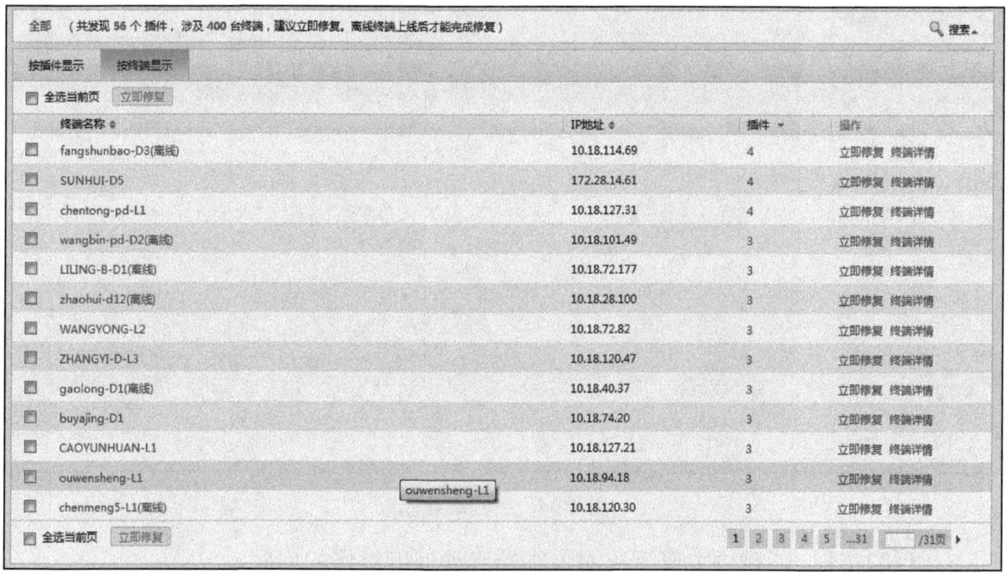

图 4-82　按终端显示

g. 系统危险项：该模块主要是处理网内终端的系统危险项。

按危险项展示，每行显示一个系统危险项，选择要处理的危险项，单击"立即修复"按钮，则所有终端都会处理掉该危险项，如图 4-83 所示。

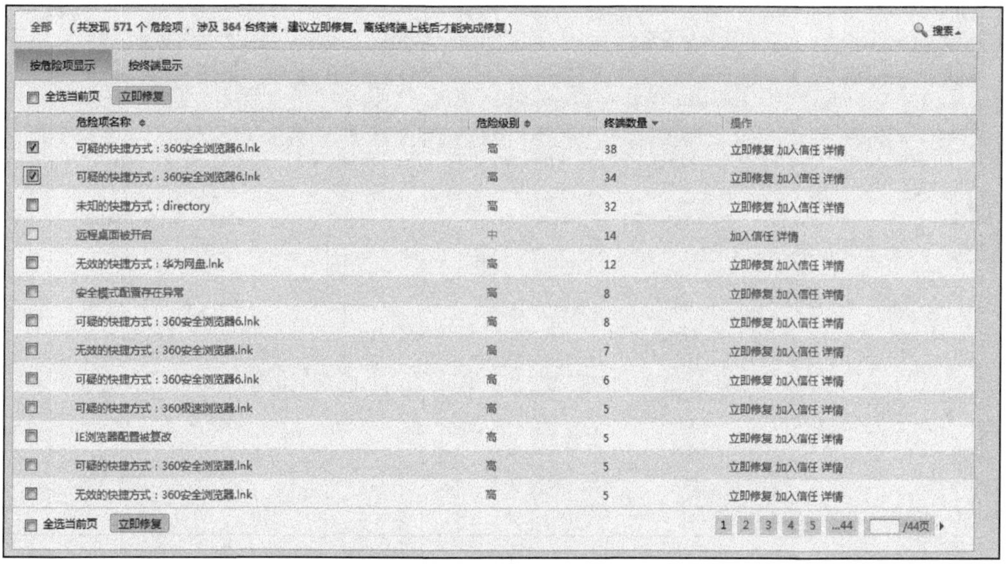

图 4-83　按危险项显示

按终端显示，每行显示一个终端，并显示该终端的系统危险项个数，选择相应的终端，单击"立即修复"按钮，则这些终端就会处理掉所有的系统危险项，如图 4-84 所示。

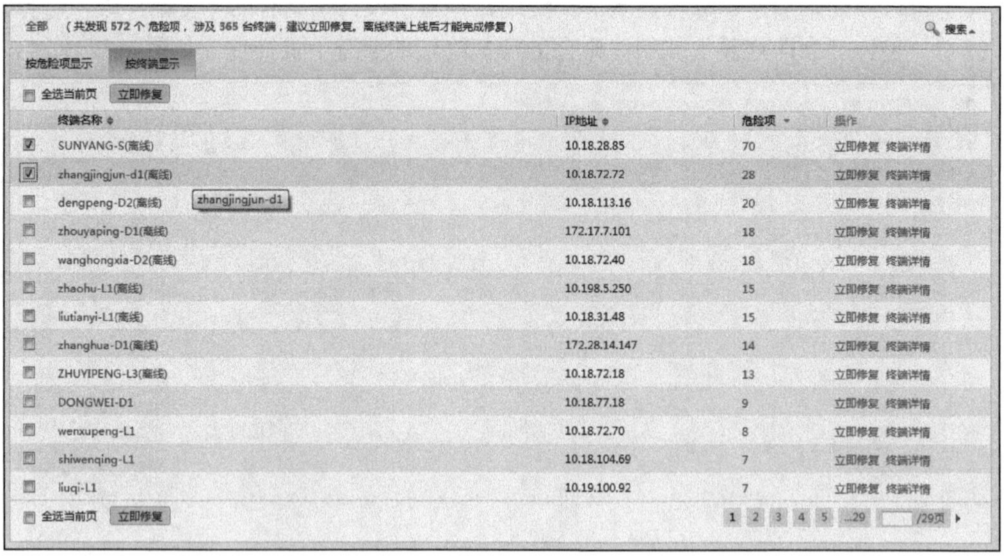

图 4-84　按终端显示

h. 开机加速：该模块主要解决网内终端启动速度过慢的问题。

由于各终端情况各异，开机加速只能逐台终端处理，无法批量处理启动项，如图 4-85 所示。

单击需要处理的终端后面的"开机加速"按钮，弹出如图 4-86 所示的对话框。

选择需要禁止启动的软件，单击"一键优化"按钮即可。

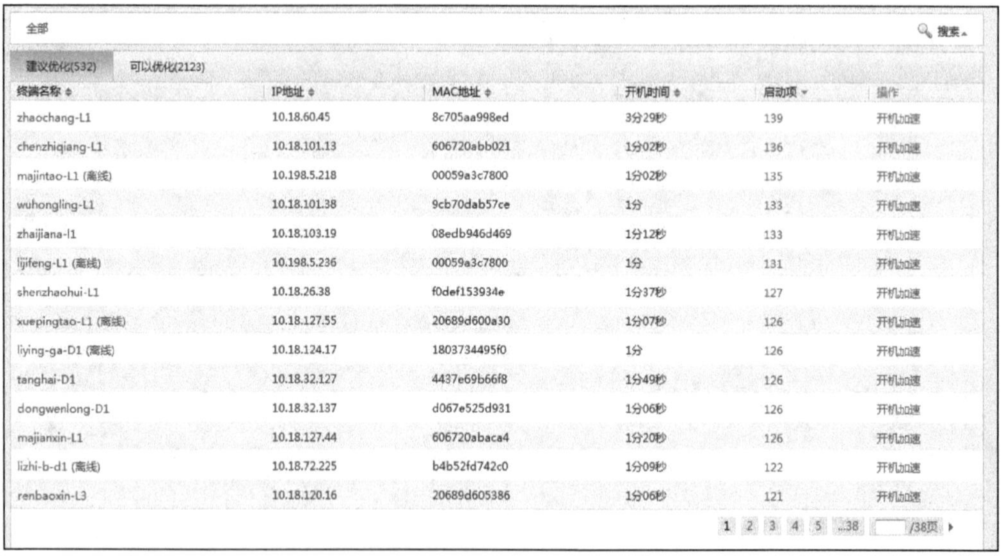

图 4-85　逐台终端进行开机加速

备注：如果优化掉了终端的启动项，在"可恢复启动的软件"选项卡中找到该软件，并恢复启动即可。

i. 安全配置：该模块主要是处理网内终端的安全项配置相关问题。

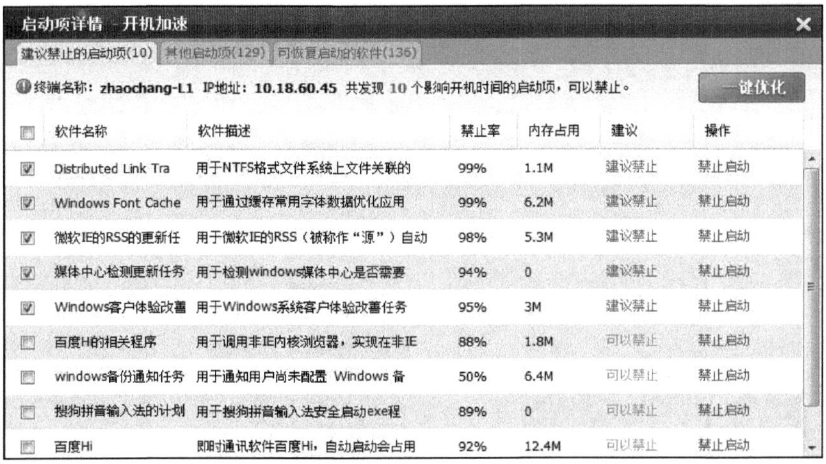

图 4-86 "开机加速"对话框

按安全配置项显示，每行一个安全配置项，显示出该配置项涉及的终端，选中需要开启的配置项，单击"立即开启"按钮，则所有终端都会开启该配置项，如图 4-87 所示。

图 4-87 按安全配置项显示

按终端显示，每行一个终端，显示该终端有问题的安全配置项个数，选中需要处理的终端，单击"立即开启"按钮，则这些终端的配置项都会开启，如图 4-88 所示。

⑤ 软件管理。该模块从软件角度对网内终端进行管理，主要可以监控各终端安装运行的软件，并可以向终端推送软件工具。

a. 软件监控：该功能主要实现监控终端上安装的软件。

按软件显示，每行一个软件，显示了已经安装该软件的终端数，单击后边的"详情"按钮，如图 4-89 所示，可以看到安装该软件的具体终端情况，如图 4-90 所示。

	终端名称 ⬍		IP地址 ⬍	安全配置项 ▼	操作
☑	gengzhaohe-D5(离线)		10.18.65.20	15	立即开启 终端详情
☑	LILING-B-D1(离线)		10.18.72.177	15	立即开启 终端详情
☐	zhouyang-d-D1(离线)		10.18.128.10	14	立即开启 终端详情
☐	songdeming-D2(离线)		10.18.32.107	14	立即开启 终端详情
☐	zhangjingjun-d1(离线)		10.18.72.72	10	立即开启 终端详情
☐	china-5e8c4d173(离线)		192.168.220.128	9	立即开启 终端详情
☐	wanghongxia-D2(离线)		10.18.72.40	9	立即开启 终端详情
☐	weizhijiang-D1(离线)		10.18.32.105	9	立即开启 终端详情
☐	SUNYANG-S(离线)		10.18.28.85	9	立即开启 终端详情
☐	wangguotao-D6(离线)		10.18.72.159	8	立即开启 终端详情
☐	xuhaitao-D1(离线)		10.18.32.60	8	立即开启 终端详情
☐	YANGLIANQIANG-D1(离线)		10.18.72.39	4	立即开启 终端详情
☐	zhangguangliu-D3(离线)		10.18.32.227	4	立即开启 终端详情

全部 （共发现 30 个 未开启的安全配置项，涉及 128 台终端，建议立即开启。离线终端上线后才能完成开启）　搜索

按安全配置项显示　　按终端显示

☐ 全选当前页　立即开启

☐ 全选当前页　立即开启　　　　1 2 3 4 5 ...10 ▢/10页 ▶

图 4-88　按终端显示

软件详情 - 软件监控　✕

ⓘ 有 2436 台终端已安装此软件：360杀毒

终端名称	IP地址	MAC地址
ZHUYINHUI-D2	172.28.14.96	d067e52860f6
WANGZHUO-GA-D1	10.18.124.60	5cf9dd73fec4
yinjun-D1	10.18.77.16	e06995131ceb
panxia-L1	10.18.127.40	f0def10007b0
chenmo-D1	10.18.83.28	4437e69d11d7
xuzuoli-L2	10.18.66.12	6067202bd69f
zongxiaobin-D4	10.18.72.203	0023243540a2
zhaojianfeng3-l1	10.18.60.18	20689d60040b
lvxiaoyu-D1	10.18.31.17	e0699571dc22
yanchang-D1	10.18.32.34	b4b52fce3286

图 4-89　按软件显示 1

全部 （共发现 10419 款已安装软件，涉及 2658 台终端）　搜索

按软件显示(10419)　　终端显示(2658)

软件名称 ⬍	已安装终端 ▼	操作
360杀毒	2436	详情
360安全卫士	2433	详情
Adobe Flash Player 11 ActiveX	2378	详情
Microsoft Visual C++ 2008 Redistributable - x86 9.0.21022.218	2247	详情
360压缩	1861	详情
360手机助手	1775	详情
Microsoft .NET Framework 4 Client Profile	1689	详情
Intel(R) Management Engine Components	1651	详情
Microsoft Visual C++ 2005 Redistributable	1533	详情
Intel(R) Processor Graphics	1494	详情
搜狗拼音输入法 6.2正式版	1381	详情
Microsoft Visual C++ 2008 Redistributable - x86 9.0.30729.17	1339	详情
飞信2012	1292	详情
Pidgin	1277	详情

1 2 3 4 5 ...745 ▢/745页 ▶

图 4-90　按软件显示 2

按终端显示，每行一个终端，并显示该终端安装的软件数量，单击“详情”按钮，可以查看该终端安装的软件详情，如图 4-91 所示。

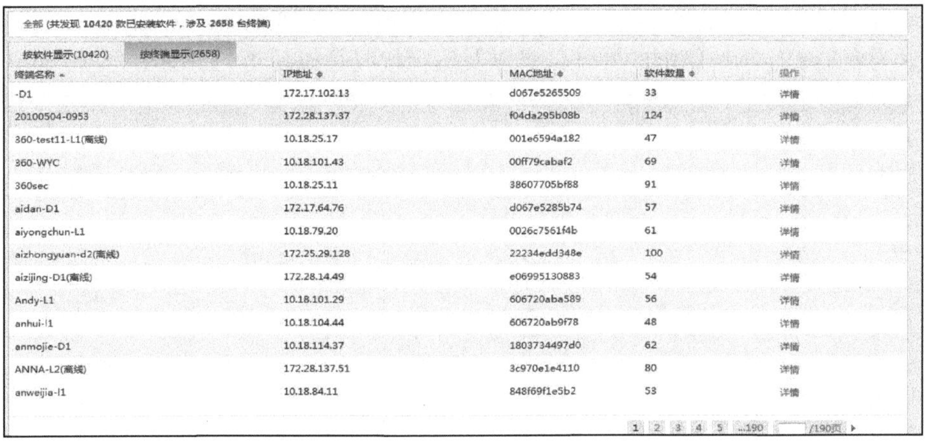
全部 (共发现 10420 款已安装软件，涉及 2658 台终端)

按软件显示(10420)　按终端显示(2658)

终端名称	IP地址	MAC地址	软件数量	操作
-D1	172.17.102.13	d067e5265509	33	详情
20100504-0953	172.28.137.37	f04da295b08b	124	详情
360-test11-L1(离线)	10.18.25.17	001e6594a182	47	详情
360-WYC	10.18.101.43	00ff79cabaf2	69	详情
360sec	10.18.25.11	38607705bf88	91	详情
aidan-D1	172.17.64.76	d067e5285b74	57	详情
aiyongchun-L1	10.18.79.20	0026c7561f4b	61	详情
aizhongyuan-d2(离线)	172.25.29.128	22234edd348e	100	详情
aizijing-D1(离线)	172.28.14.49	e06995130883	54	详情
Andy-L1	10.18.101.29	606720aba589	56	详情
anhui-l1	10.18.104.44	606720ab9f78	48	详情
anmojie-D1	10.18.114.37	1803734497d0	62	详情
ANNA-L2(离线)	172.28.137.51	3c970e1e4110	80	详情
anweijia-l1	10.18.84.11	848f69f1e5b2	53	详情

1 2 3 4 5 ...190 /190页

图 4-91　按终端显示

b. 软件分发：该功能主要实现向指定终端推送软件或者文档等文件，如图 4-92 所示。

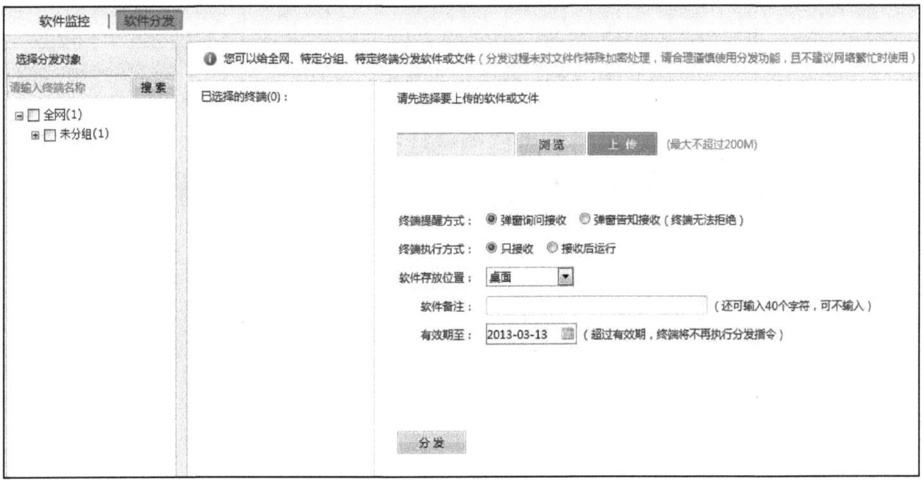

图 4-92　软件分发

如图 4-92 所示，在左侧选中要分发的组或者终端，在右侧单击“浏览”按钮，选择要分发的软件，再单击“上传”按钮，把文件上传到控制中心相关缓存目录。

终端接收方式分为弹窗询问接收和弹窗告知接收两种，这个根据分发的软件选择是强制派发还是终端有选择性派发，如果需要终端用户根据自己需要来选择是否安装，则采用弹窗询问接收方式。

执行方式分为接收后执行和只接收，第一种方式在终端接收完成后即开始打开运行该文件，如果是只接收，则接收后存放在指定的路径下，不执行。

软件存放位置，可以输入终端接收后的存放路径，需要确保该路径存在。

有效期是指该软件在缓存保存的时间，超过该时间还没有下载的终端将不会接收到下载的指令，也无法再下载该文件。

⑥ 资产管理。资产管理模块，主要负责终端电脑的硬件资产的统计、变更提醒等，以方便管理员了解网内终端的硬件情况。

a. 硬件检测：该功能实现对网内终端的硬件情况进行检测统计。

以列表形式显示各终端的硬件信息以及运行状况等如图 4-93 所示。

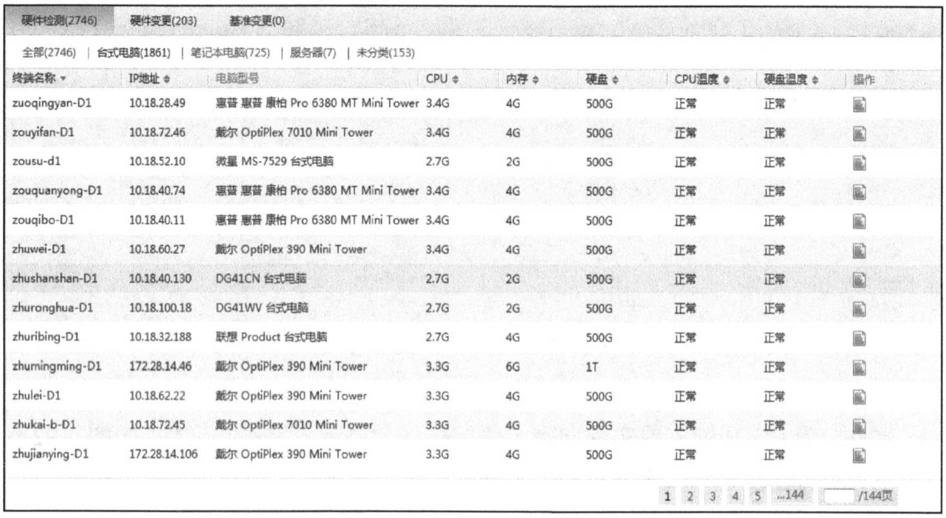

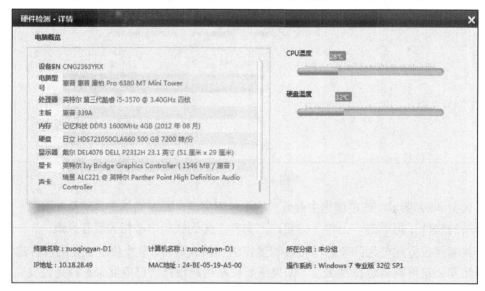

图 4-93　硬件信息及运行状况

单击"硬件详情"按钮，可以查看终端硬件的详细情况，如图 4-94 所示

图 4-94　硬件和详细情况

b. 硬件变更：该功能可以监控各终端的硬件变更情况，如图 4-95 所示。

可以确认该记录，以记录在案备查，或者删除一些没必要记录的硬件变更情况。

c. 基准变更：硬件是否发生变更有赖于硬件的基准是什么，如果某终端硬件基准里记录的硬件信息与当前检测到的信息不一致，就会在硬件变更列表中显示告知管理员，

图 4-95 硬件变更

哪些硬件相对于基准是有出入的，如果管理对其中的变更信息进行了确认操作，那就相当于刷新了硬件基准，在基准变更列表就会显示基准变更记录。如果要查看当前的基准信息是什么，可以单击右上角的"导出基准信息"链接，如图 4-96 所示。

图 4-96 基准变更

⑦ 日志报表。日志报表模块记录了网内所有终端的安全历史情况，以便于分析安全情况，确定更好的安全策略。

该模块的所有数据都可以打印、导出 Excel 表格，以方便下一步的处理。

a. 安全日志：该功能每天一条记录，显示了当天已部署的终端总数、活跃终端数、网内终端的体检平均得分、漏洞、病毒、木马总数以及系统危险项和安全配置项等，如图 4-97 所示。

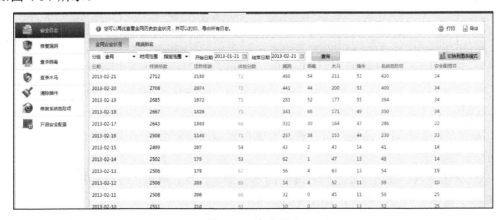

图 4-97 安全日志

可以输入各种查询条件，以获取自己想要的结果，可以单击"导出"按钮，把结果导出为 Excel 表格。

b. 修复漏洞：该功能展示了网内终端漏洞的情况，终端数量，显示了有多少个终端具有该漏洞，如图 4-98 所示。

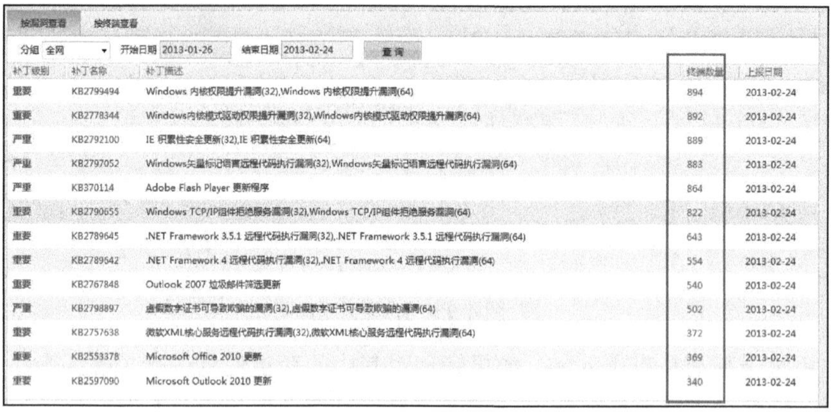

图 4-98　修复漏洞 1

单击"终端数量"按钮，就会显示有多少终端已经修复了该漏洞，有多少终端没有修复，如图 4-99 所示。

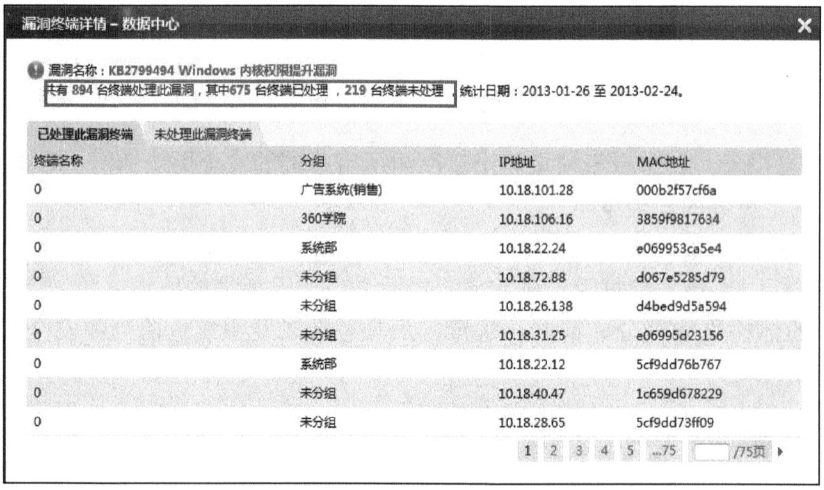

图 4-99　修复漏洞 2

c. 查杀病毒：该功能显示了某个时间段内网内终端的病毒情况，该列表的病毒全部为已处理病毒。

单击"终端数量"按钮，可以查看有哪些终端感染和处理了这些病毒，如图 4-100 所示。

d. 查杀木马：该功能显示网内终端的木马处理情况，单击"终端数量"按钮可以查看处理了该木马的终端列表，如图 4-101 所示。

单击"终端数量"按钮，可以查看已处理该木马和未处理该木马的终端详情，如图 4-102 所示。

按病毒威胁项查看　按终端查看

分组 全网　开始日期 2013-01-26　结束日期 2013-02-24　查 询

病毒威胁项名称	病毒威胁项类型	终端数量	上报日期
Trojan.Generic	木马程序	44	2013-02-24
HEUR/Malware.QVM06.Gen	恶意软件	35	2013-02-24
HEUR/Malware.QVM07.Gen	恶意软件	28	2013-02-23
HEUR/Malware.QVM30.Gen	恶意软件	26	2013-02-22
TR.Dropper.Gen	恶意软件	20	2013-02-24
HEUR/Malware.QVM20.Gen	木马	18	2013-02-24
HEUR/Malware.QVM11.Gen	恶意软件	17	2013-02-21
HEUR/Malware.QVM10.Gen	恶意软件	13	2013-02-21
HEUR/Malware.QVM03.Gen	恶意软件	12	2013-02-22
TR.Crypt.XPACK.Gen	恶意软件	12	2013-02-23
HEUR/Malware.QVM18.Gen	恶意软件	11	2013-02-21
HEUR/Malware.QVM05.Gen	恶意软件	11	2013-02-21
Win32/Trojan.Adware.37e	感染型病毒	8	2013-02-22

1 2 3 4 5 ...36 /36页

图 4-100　终端感染病毒

按木马查看　按终端查看

分组 全网　开始日期 2013-01-26　结束日期 2013-02-24　查 询

木马名称	危险级别	终端数量	上报日期
发现不常用软件，定期卸载可减少对磁盘空间的占用	中	488	2013-02-24
360手机助手安卓版 (8.67M 可升级至2.0.0.2012)	中	154	2013-01-29
支付宝安全控件 (2.48M 可升级至3.7.0.0)	中	152	2013-02-24
360手机助手安卓版 (8.67M 可升级至2.0.0.2013)	中	116	2013-02-01
飞信2012 (35.83M 可升级至4.8.800.0)	中	112	2013-02-01
360压缩 (5.00M 可升级至3.0.0.2001)	中	102	2013-02-21
360杀毒 (15.06M 可升级至4.0.0.4012)	中	100	2013-02-16
迅雷7 (27.17M 可升级至7.2.13.3882)	中	94	2013-02-24
360极速浏览器 (32.24M 可升级至6.0.0.420)	中	84	2013-01-31
360极速浏览器 (32.26M 可升级至6.0.0.450)	中	83	2013-02-24
迅雷看看 (37.89M 可升级至4.9.7.1494)	中	83	2013-02-01
Fiddler2 (733K 可升级至2.4.2.6)	中	72	2013-02-17
Flash Player Plugin(非IE内核) (15.61M 可升级至11.5.502.146)	中	67	2013-02-08

1 2 3 4 5 ...91 /91页

图 4-101　处理木马的终端列表

木马终端详情 - 数据中心

木马名称：发现不常用软件，定期卸载可减少对磁盘空间的占用

共有 491 台终端处理此木马，其中170 台终端已处理，321 台终端未处理，统计日期：2013-01-27 至 2013-02-25。

已处理此木马终端　未处理此木马终端

终端名称	分组	IP地址	MAC地址
0	未分组	10.18.124.79	5cf9dd76b986
0	未分组	10.18.95.10	7071bc62e7dc
0	财务	10.18.52.30	d067e5265806
wangwenjun-D1	未分组	10.18.62.99	e06995131c6e
0	未分组	10.18.60.117	7071bce918ba
BAIGALI-B1	SEC_Test	10.18.25.21	d4bed9918d45
0	未分组	10.18.124.15	4437e69ce8cb
0	未分组	172.28.14.183	7071bce918af
0	未分组	10.18.93.13	00270e0d0203

1 2 3 4 5 ...19 /19页

图 4-102　处理木马终端情况

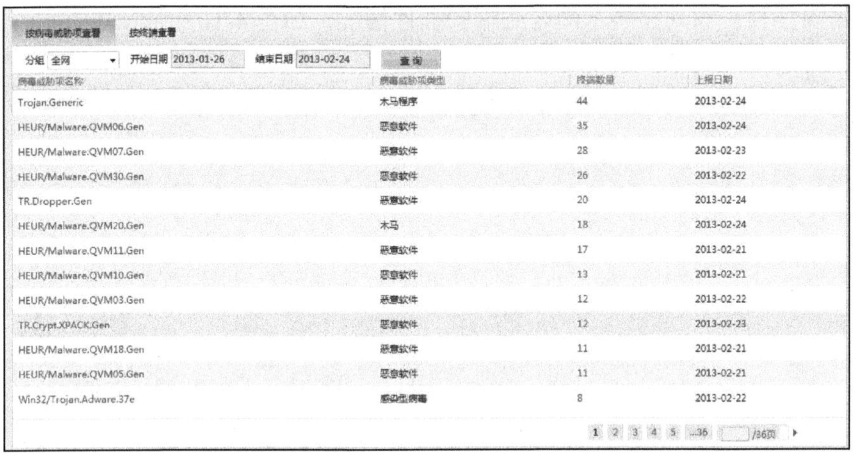

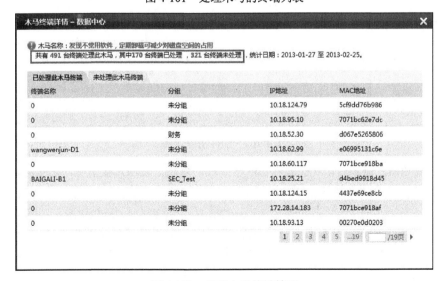

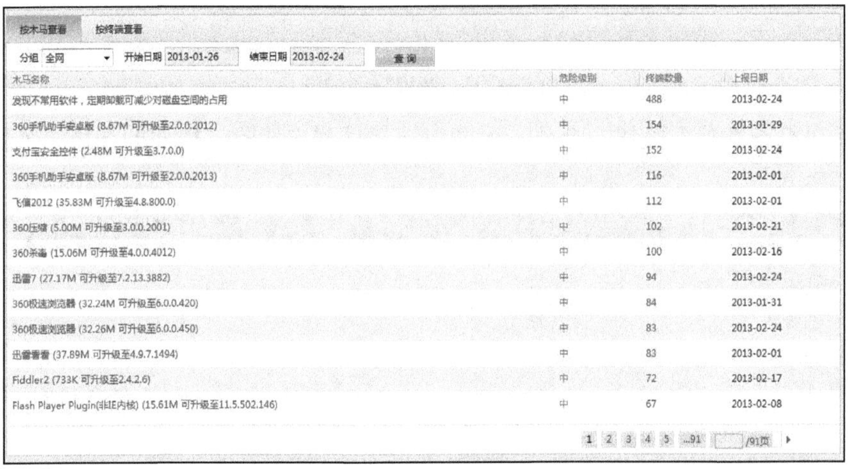

e. 清除插件：该功能展示网内终端的插件情况，如图 4-103 所示。

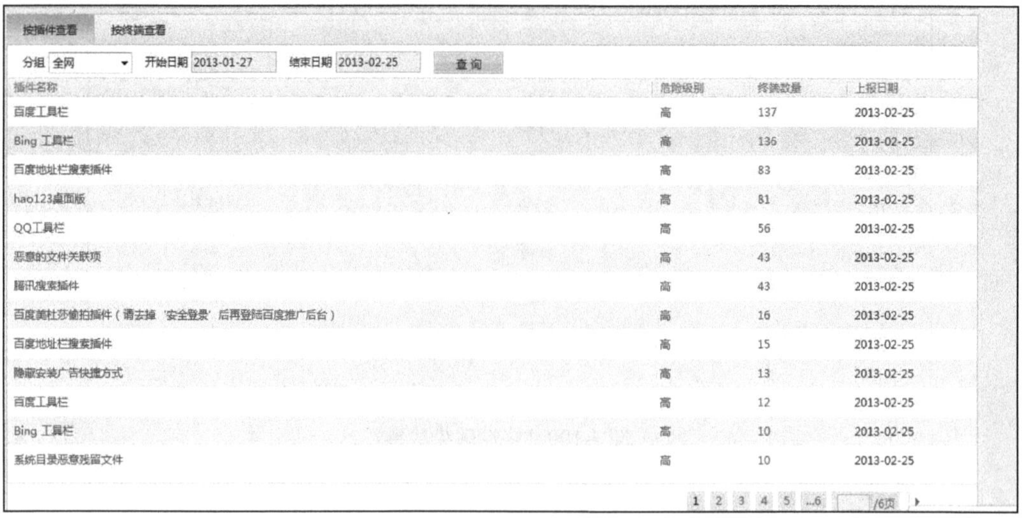

图 4-103　网内终端插件

单击"终端数量"按钮，会显示已清除该插件和未清除该插件的详情，如图 4-104 所示。

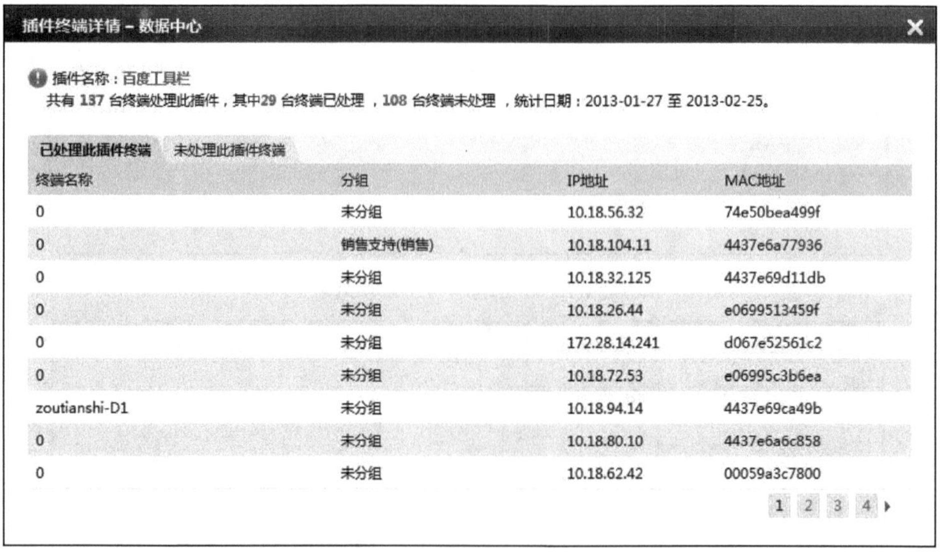

图 4-104　插件清除详情

f. 修复系统危险项：该功能展示了网内终端的系统危险项修复情况，如图 4-105 所示。

单击"终端数量"按钮，可以查看已经处理和未处理的终端详细情况，如图 4-106 所示。

g. 开启安全配置：该功能展示网内终端的安全配置开启情况，如图 4-107 所示。

单击"终端数量"按钮，可以查看开启此配置和未开启此配置的终端详情，如图 4-108 所示。

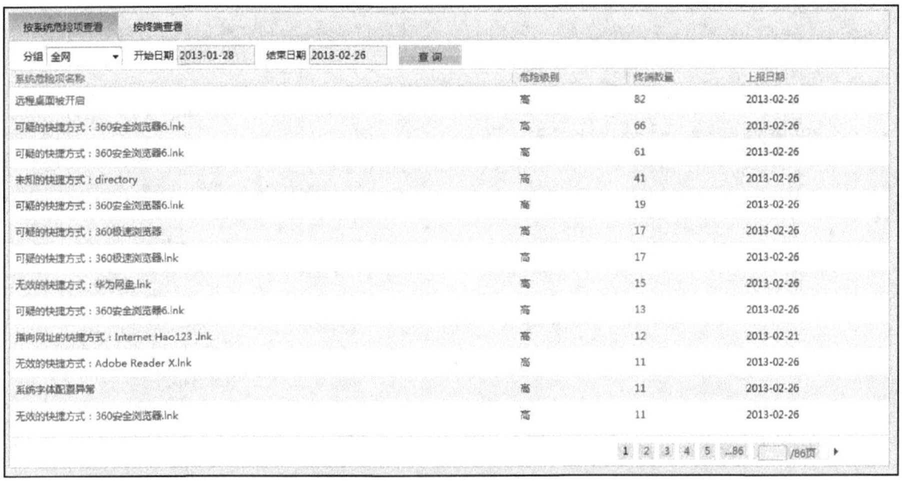

按系统危险项查看　按终端查看

分组 全网　开始日期 2013-01-28　结束日期 2013-02-26　查 询

系统危险项名称	危险级别	终端数量	上报日期
远程桌面被开启	高	82	2013-02-26
可疑的快捷方式：360安全浏览器6.lnk	高	66	2013-02-26
可疑的快捷方式：360安全浏览器6.lnk	高	61	2013-02-26
未知的快捷方式：directory	高	41	2013-02-26
可疑的快捷方式：360安全浏览器6.lnk	高	19	2013-02-26
可疑的快捷方式：360极速浏览器	高	17	2013-02-26
可疑的快捷方式：360极速浏览器.lnk	高	17	2013-02-26
无效的快捷方式：华为网盘.lnk	高	15	2013-02-26
可疑的快捷方式：360安全浏览器6.lnk	高	13	2013-02-26
指向网址的快捷方式：Internet Hao123 .lnk	高	12	2013-02-21
无效的快捷方式：Adobe Reader X.lnk	高	11	2013-02-26
系统字体配置异常	高	11	2013-02-26
无效的快捷方式：360安全浏览器.lnk	高	11	2013-02-26

1 2 3 4 5 ...86 /86页

图 4-105　系统危险项修复情况

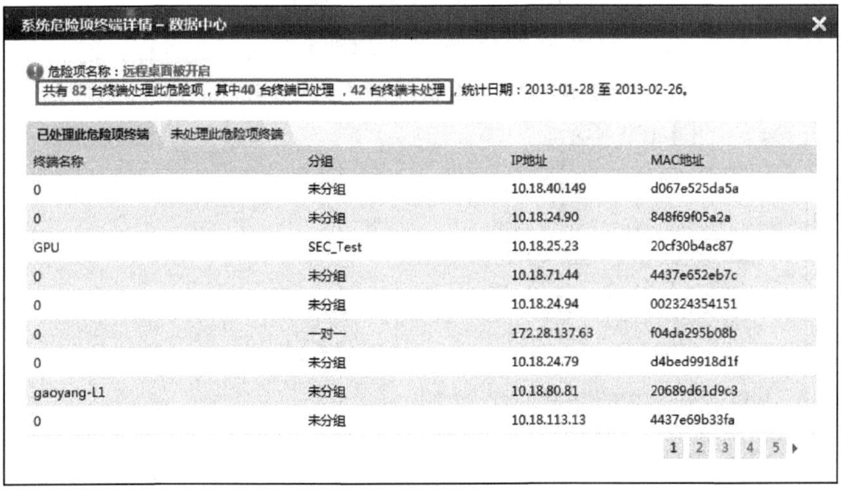

系统危险项终端详情 – 数据中心

危险项名称：远程桌面被开启

共有 82 台终端处理此危险项，其中40 台终端已处理 ，42 台终端未处理，统计日期：2013-01-28 至 2013-02-26。

已处理此危险项终端　未处理此危险项终端

终端名称	分组	IP地址	MAC地址
0	未分组	10.18.40.149	d067e525da5a
0	未分组	10.18.24.90	848f69f05a2a
GPU	SEC_Test	10.18.25.23	20cf30b4ac87
0	未分组	10.18.71.44	4437e652eb7c
0	未分组	10.18.24.94	002324354151
0	一对一	172.28.137.63	f04da295b08b
0	未分组	10.18.24.79	d4bed9918d1f
gaoyang-L1	未分组	10.18.80.81	20689d61d9c3
0	未分组	10.18.113.13	4437e69b33fa

1 2 3 4 5

图 4-106　系统危险项终端详情

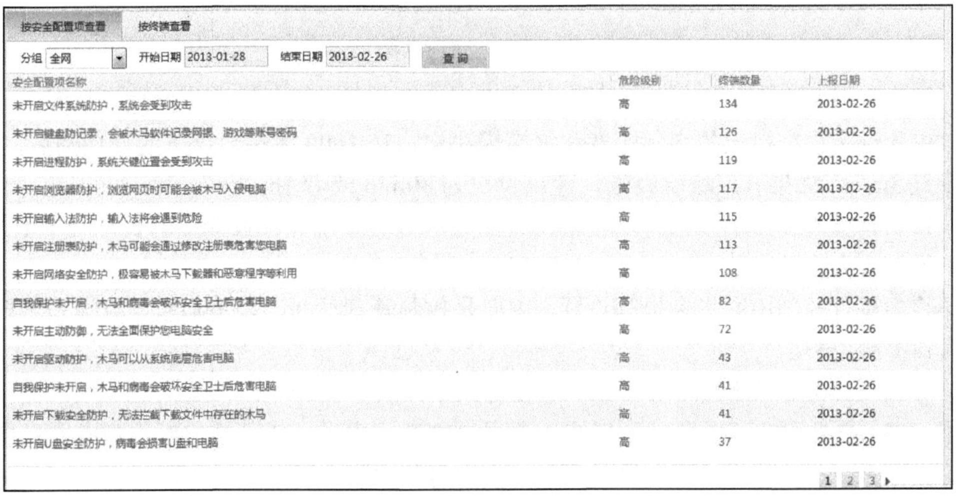

按安全配置项查看　按终端查看

分组 全网　开始日期 2013-01-28　结束日期 2013-02-26　查 询

安全配置项名称	危险级别	终端数量	上报日期
未开启文件系统防护，系统会受到攻击	高	134	2013-02-26
未开启键盘防记录，会被木马软件记录网银、游戏等账号密码	高	126	2013-02-26
未开启进程防护，系统关键位置会受到攻击	高	119	2013-02-26
未开启浏览器防护，浏览网页时可能会被木马入侵电脑	高	117	2013-02-26
未开启输入法防护，输入法将会遇到危险	高	115	2013-02-26
未开启注册表防护，木马可能会通过修改注册表危害您电脑	高	113	2013-02-26
未开启网络安全防护，极容易被木马下载器和恶意程序等利用	高	108	2013-02-26
自我保护未开启，木马和病毒会破坏安全卫士后危害电脑	高	82	2013-02-26
未开启主动防御，无法全面保护您电脑安全	高	72	2013-02-26
未开启驱动防护，木马可以从系统底层危害电脑	高	43	2013-02-26
自我保护未开启，木马和病毒会破坏安全卫士后危害电脑	高	41	2013-02-26
未开启下载安全防护，无法拦截下载文件中存在的木马	高	41	2013-02-26
未开启U盘安全防护，病毒会损害U盘和电脑	高	37	2013-02-26

1 2 3

图 4-107　开启安全配置

图 4-108 安全配置项终端详情

⑧ 设置中心。该模块主要是对控制中心和终端的相关参数进行设置。

a. 全局设置：全局设置主要是用于设置控制中心通信间隔、自动删除离线终端时间及提醒设置等，如图 4-109 所示。

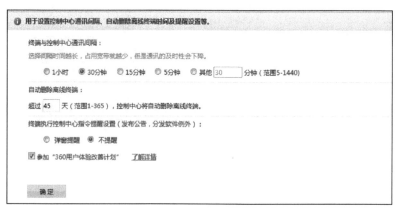

图 4-109 全局设置

通信间隔是指终端向控制中心上报体检得分、杀毒结果、软硬件信息等的间隔。该参数由管理员根据自己的实际带宽和终端来决定，在 1000 终端数以下的局域网内，可以设置 5min，如果有广域网终端，建议设置为 30min 或者 1h。

自动删除离线终端，当终端被带出企业或者重做系统等导致该终端长时间不上线时，系统将会自动删除，以避免长时间显示不在线终端。

终端执行控制中心指令提醒设置，主要是控制管理员在下发策略时，终端是否要弹出窗口提醒用户。

参加"360 用户体验改善计划"主要是为了改善产品的用户体验而统计的产品使用数据，360 产品团队可以通过分析统计数据提高产品质量，并且推出对用户有帮助的创新安全服务。在统计时，我们只对 360 产品自身的内容进行统计，不涉及用户的个人信息或数据。当然，如果用户不希望向 360 发送这些统计数据，也可以取消勾选。

　　b. 安全策略：启用安全策略后，终端将会根据安全策略的定义自动修复安全问题，如图 4-110 所示。

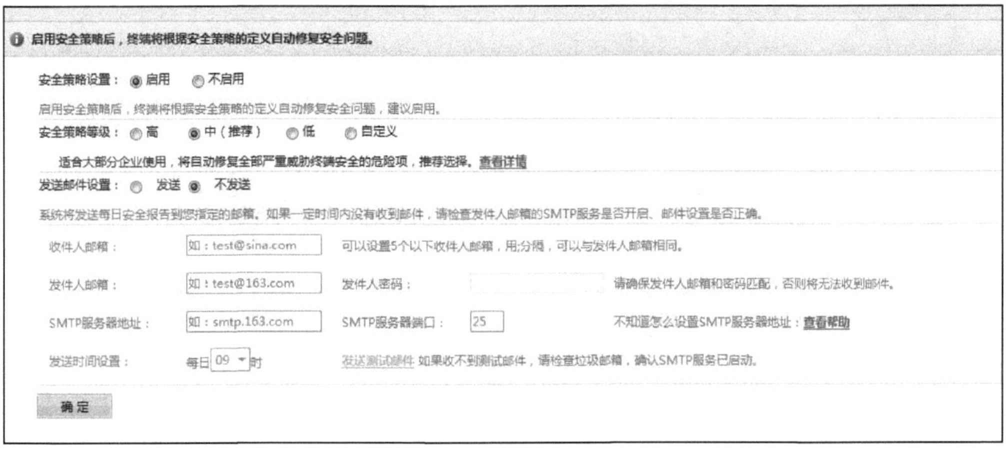

图 4-110　启动安全策略

　　首先，要选择启动安全策略。

　　其次，要选择使用安全策略的等级，一般的企业推荐使用"中"，可以单击"查看详情"按钮，了解选中策略的详细情况，并可以根据本单位的实际情况进行修改，如图 4-111 所示。

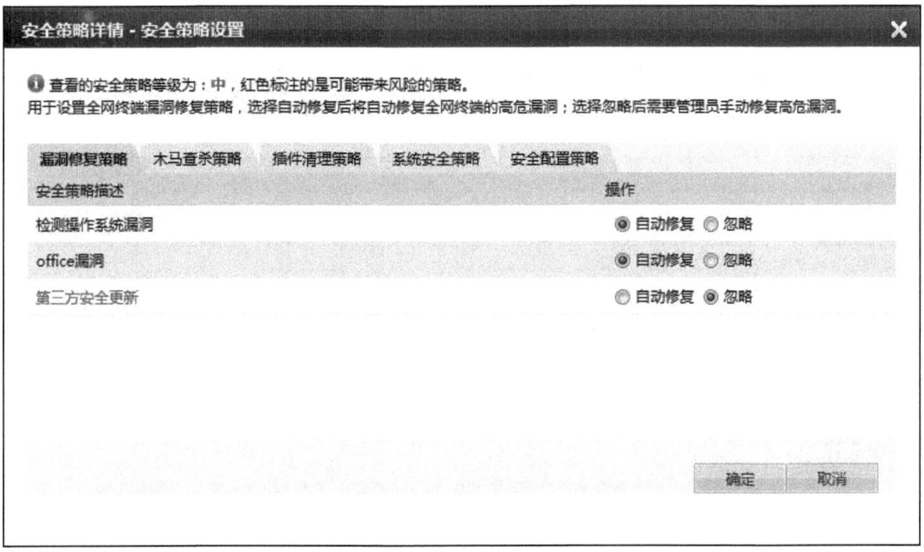

图 4-111　安全策略详情

　　如果想更自动化一些，可以设置邮箱，则网内的安全报告会定期发送到该邮箱。

　　c. 账号管理：当企业终端比较多，需要多人管理时，可以通过该模块创建账号，并进行相应的授权，如图 4-112 所示。

　　单击左上角"新建账号"按钮，可以新建一个账号，如图 4-113 所示。

　　输入账号、密码后，单击"确定"按钮即可创建账号。

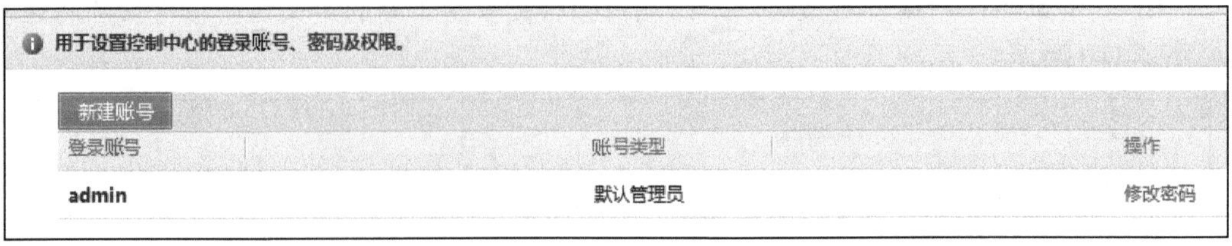

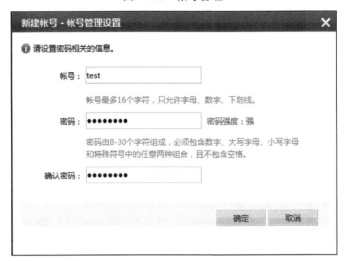

图 4-112 帐号管理

图 4-113 账号管理设置——新建账号

账号创建完成后，需要单击"设置权限"选项，来给该账户设置数据和功能权限，如图 4-114 所示。

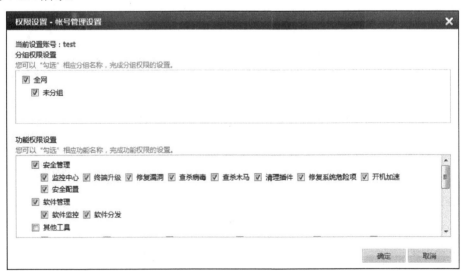

图 4-114 账号管理设置——权限设置

授权窗口分上下两部分，上半部门是数据权限，决定了该账号登录控制中心后可以操作的数据范围。

下半部分是功能权限，决定了该账号登录后可以使用的功能列表。

当某一账号不再需要时，可以单击"删除账号"按钮实现删除。

可以通过单击"修改密码"按钮修改该账号的密码。

d. 升级服务器设置：该模块用于设置升级文件的保存目录、可以代理的文件类型、终端升级的时间段等。

终端升级文件保存目录，终端升级需要的文件，首次会从外网下载，然后缓存在该目录，其他终端再需要这些文件时，则直接读取缓存目录而不再需要去外网下载。做好保持该目录所在盘符有足够的空间，而且，最好不要设置在系统盘，如图 4-115 所示。

图 4-115　终端升级文件保存目录

终端升级文件预下载设置，启用该功能后，控制中心将会定时去外网下载终端升级所需要的文件。可以通过设置合理的预下载时间，如晚上下班后或者周末等，来避开网络使用高峰，避免终端升级时可能造成的网络拥堵导致影响其他业务的正常运行等，如图 4-116 所示。

图 4-116　终端升级文件预下载设置

升级服务器代理下载的升级文件类型，可以根据单位的实际情况，选择合适的代理类型，如图 4-117 所示。

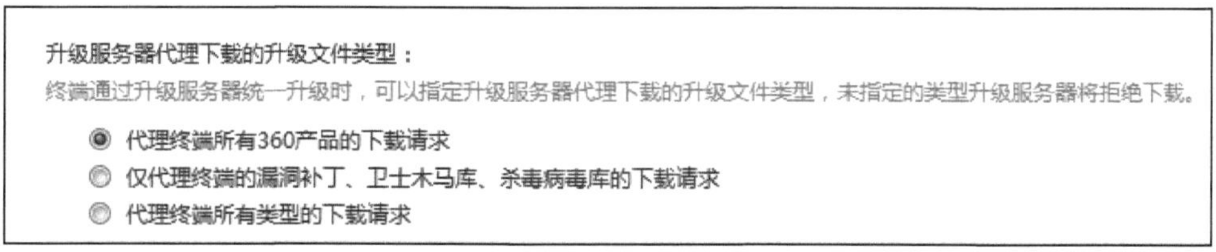

图 4-117　升级服务器代理下载的升级文件类型

升级服务器代理下载的时间范围，单击"立即设置"按钮，可以把不同的分组设置在不同的时间段内进行升级，以充分利用网络带宽，而同时又不会造成网络的拥堵。

选择好分组和时间段之后，单击"添加"按钮，即会产生一条分组升级的时间段策略，如图 4-118 所示。

升级服务器代理设置，如果升级服务器本身是通过代理才能连接互联网，需要设置代理。如果服务器本身可以直接连接互联网，可以忽略该功能，如图 4-119 所示。

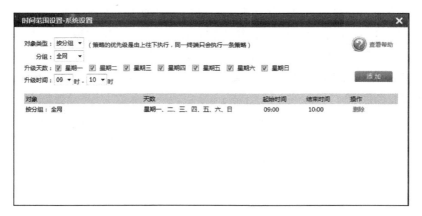

图 4-118　时间范围设置

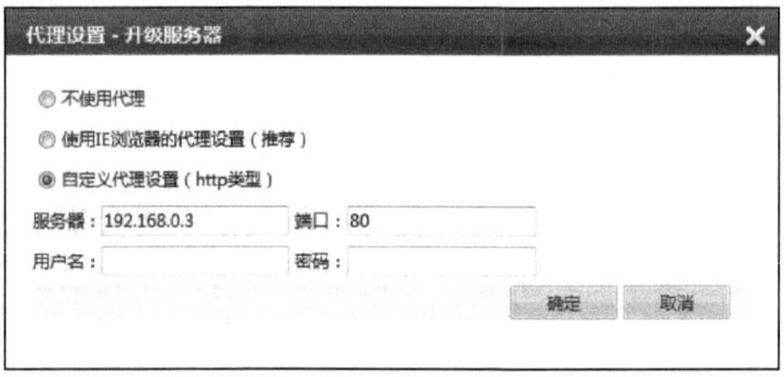

图 4-119　升级服务器代理设置

e. 报警设置：该模块用于设置报警条件和邮箱，如果达到了报警的条件，就会向设置的邮箱中发送报警邮件，以尽早通知相关管理人员进行处理。

首先，要选择启用邮件报警。

其次，设置报警条件，现在包括漏洞总数和病毒威胁项总数两个指标，可以根据实际的终端情况来设置合理的数值。

最后，设置相应的邮箱，如图 4-120 所示。

图 4-120　报警设置

　　f. 定时杀毒设置：该模块用来设置网内终端的定时杀毒相关参数。

　　按照分组选择本条策略要处理的终端。

　　选择扫描类型，分为快速扫描、全盘扫描、宏病毒扫描。

　　选择扫描频率，可以分为每周一次，每天一次，或者每月一次。

　　选择扫描时间，可以设置扫描启动的时间。

　　设置原则：建议每天做一次快速扫描，每周或者每月做一次全盘扫描。宏病毒可以根据本单位的 Office 文档具体情况来设置，如每天一次或者每周一次。

　　以上数据全部设置完成后添加一条策略即可，如图 4-121 所示。

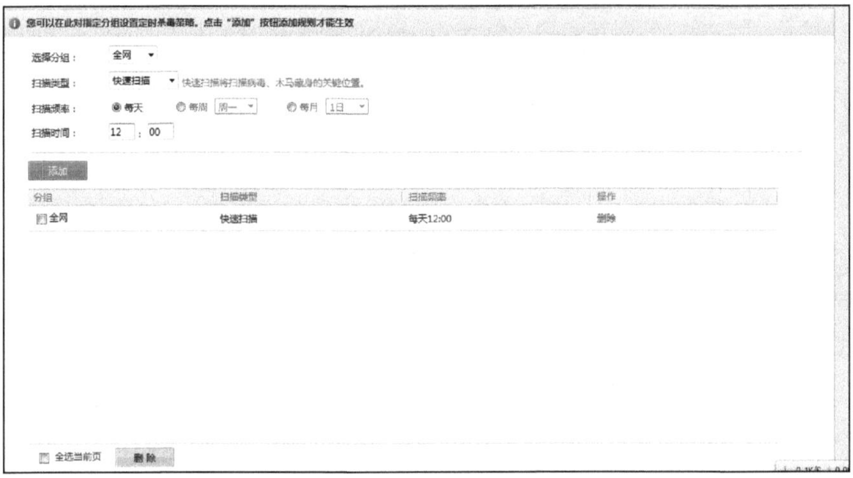

图 4-121　定时杀毒设置

　　g. 定制中心：该模块可以设置终端卫士的一些显示个性化定制。

　　h. 终端卫士设置：该模块设置终端卫士的一些个性化定制和管理。

　　关闭网盾，由于网盾对上网检测比较严格，在比较宽松的环境下，可以考虑关闭掉。

　　优化设置，可以隐藏软件管家，关闭软件升级的提示，关闭开机小助手和 P2P上传等。

　　修复漏洞设置，可以设置终端以什么方式扫描和修复漏洞，如图 4-122 所示。

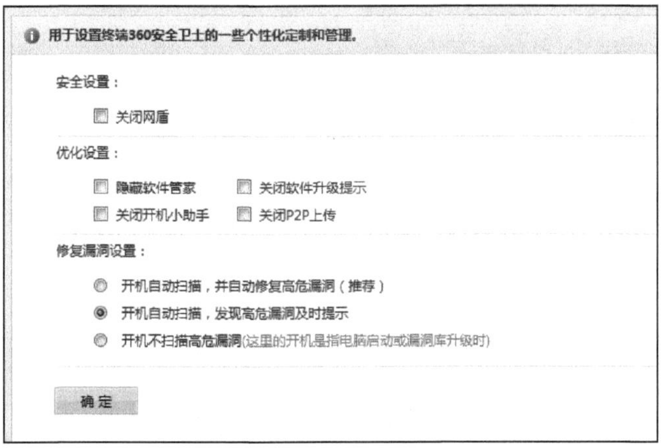

图 4-122　终端卫士设置

i. 终端保护密码：该模块可以设置终端卸载或者退出卫士、杀毒时要输入的密码，以防止终端用户随意地脱离控制，如图 4-123 所示。

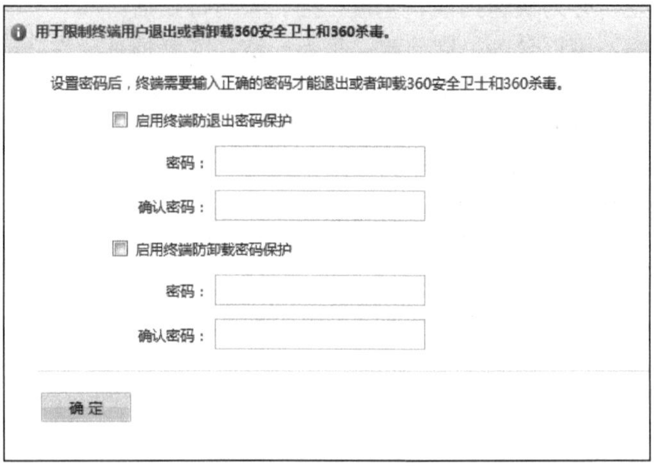

图 4-123　终端保护密码

j. 终端升级管理：该模块用于设置终端的升级模式和数据下载模式。有智能模式、统一模式、独立模式 3 种，如图 4-124 所示。

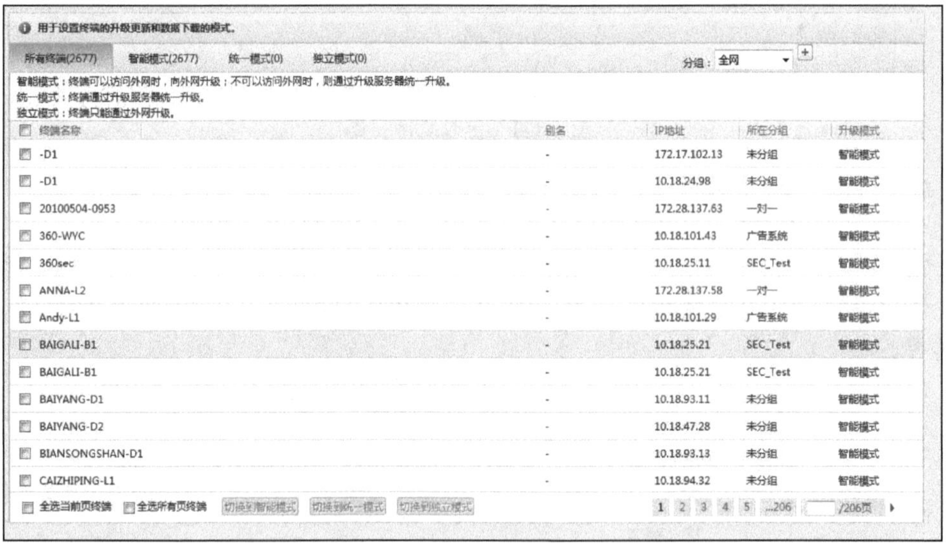

图 4-124　终端升级管理

智能模式，终端可以访问外网时，直接从外网下载数据升级；不可以访问外网，则通过升级服务器统一升级。

统一模式，终端通过升级服务器升级。

独立模式，终端只通过外网升级。

系统默认采用智能模式。

如果想更多地节省带宽，则可以所有终端都采用统一模式。

如果想让服务器管理更多的终端，而对外网出口带宽不是很关心，可以采用独立升级模式。

　　⑨ 其他工具。该模块整合了一些实用企业版过程中可能要用到的实用工具。

　　a. 控制中心迁移工具：当控制中心的 IP 地址或者端口号要发生变化时，需要做控制中心迁移，把终端迁移到新的控制中心上去。

　　输入控制中心新的 IP 地址和端口号，单击"确定"按钮。

　　一定要等所有终端都迁移完成后，才能关闭旧控制中心或者改变旧控制中心的 IP 地址，如图 4-125 所示。

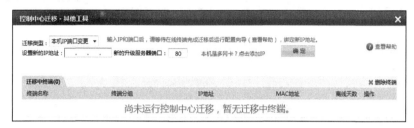

图 4-125　控制中心迁移

　　b. 多级中心：当单位的终端数很多，或者有需要跨网络的分支机构时，需要建立分中心。在分中心安装部署完成后，要设置分中心的上级中心，指向其上级中心，如图 4-126 所示。

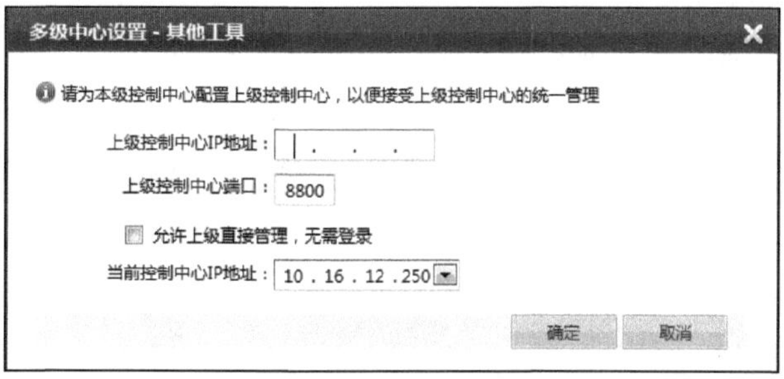

图 4-126　多级中心设置

　　设置完上级中心后，如果勾选"允许上级直接管理，无需登录"复选框，则上级中心从自己的控制中心可以直接进入本中心，而不需要登录。

　　如果是隔离网环境，则下级中心会从上级中心自动获取升级数据，不需要人为操作。

　　c. 升级验证码：控制中心会生成验证码来标示本控制中心，可以把验证码发给终端用户，用户在本机的卫士中单击"升级为企业版"按钮，输入验证码，即可转换为企业版终端，如图 4-127 所示。

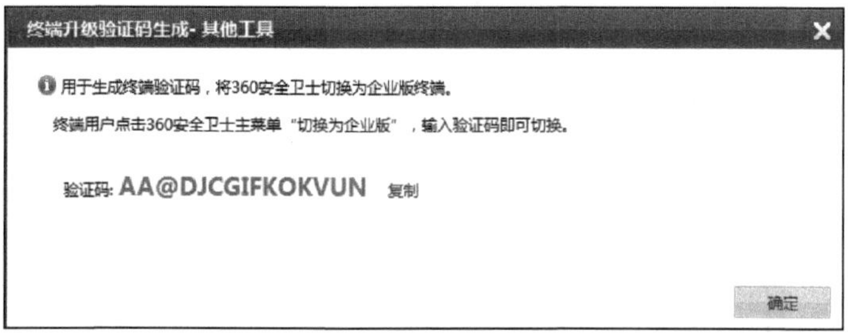

图 4-127　升级验证码

d. 域安装部署工具：如果使用的是域环境，则可以利用域来进行快速的终端安装部署。

下载后，可以参考压缩包中自带的使用手册。此处不再赘述。

e. 信任文件白名单：如果有定制的无害软件，需要在网内使用，而又不会在互联网上出现，可以通过该功能加白，这样所有的终端都不会再提示该文件有危害，如图 4-128 所示。

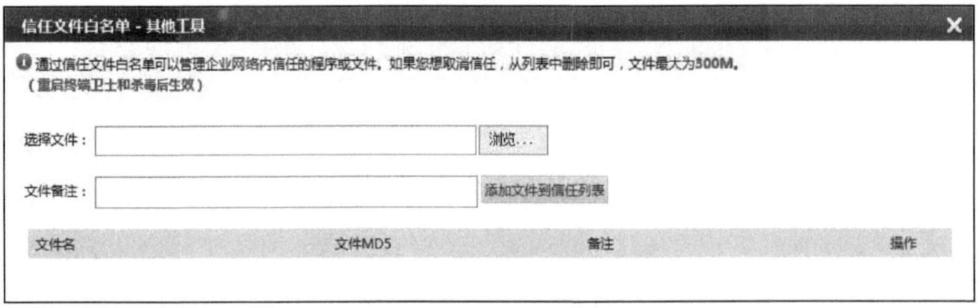

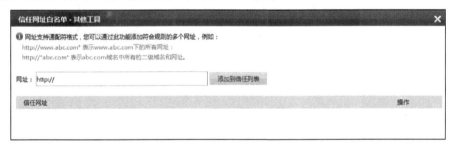

图 4-128　信任文件白名单

选择文件后，可以输入备注，然后单击"添加文件到信任列表"按钮，则该文件以后将不再被提示或者拦截。

f. 信任网址白名单：如果某些网页被提示可能存在风险或者证书过期等，可以通过该功能添加为白名单，来避免提示，如图 4-129 所示。

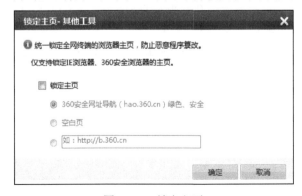

图 4-129　信任网址白名单

输入地址，单击"添加到信任列表"按钮即可。

g. 锁定主页：可以把终端的主页锁定，不允许再被其他程序修改，如图 4-130 所示。

图 4-130　锁定主页

勾选"锁定主页"复选框，输入正确的地址即可。

h. 部署准入控制工具：可以下载准入控制工具，运行该工具，则可以指定网内的终端，如果不安装部署 360 企业版的终端，就无法连接网络。

该工具目前暂时无法实现跨网段的控制，请根据自己的情况使用。

i. 终端接入规则：该功能可以设置相应的 IP 地址段规则，限制某些地址段的 IP 无法连接到控制中心，以避免自己的控制中心被外单位使用，如图 4-131 所示。

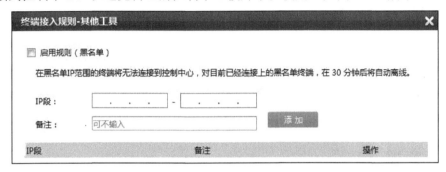

图 4-131 终端接入规则

j. 发布公告：当有一些通知或者公告需要发送到全企业或者某些终端时，可以采用发布公告功能。单击"发布公告"按钮，弹出如下窗口，如图 4-132 所示。

图 4-132 发布公告

发布对象可以选择各个分组，以决定哪些终端会收到该公告。

各数据项选择填写完毕后，单击"发布"按钮即可。

学习活动 4.3　计算机系统设置

活动目标

前面王东同学已经完成了对机房计算机的组装，安装了计算机必要的软件，然后也对计算机做了一些相关的安全设置，现在王东同学需要对计算机做一些系统配置。完成的目标应包括用户名更改、工作组更改、IPX 协议添加、IP 配置、本地打印机和网络打印机添加、虚拟内存的添加等相关的内容学习。

情景引入

计算机是用户日常办公、生活娱乐的好伙伴，那么设置一个自己喜欢并且安全的计算机操作环境是一件令人惬意的事情。而对计算机"改头换面"的操作，大多数都可以通过"控制面板"窗口来完成。实验室中的计算机也是如此，都可以完成相关的功能设置。

情景分析

王东同学通过前面对计算机组装、软件安装、计算机安全设置的学习，已经完成了对实验室的基本布置。那么现在王东需要针对这一系列的设备为它们做系统配置，保障每个同学一个用户。并且为他们设置不同的工作组，安装网络协议使每个客户端都能够上网，安装打印机等。为了能够完成这一项任务，学习一些系统设置相关的知识是必需的。

相关知识

1. 用户账户

计算机用户账户：由将用户定义到某一系统的所有信息组成的记录，账户为用户或计算机提供安全凭证，包括用户名和用户登录所需要的密码，以及用户使用以便用户和计算机能够登录到网络并访问域资源的权利和权限。

2. 计算机工作组

在一个网络内可能有成百上千台工作计算机，如果这些计算机不进行分组，都列在"网上邻居"内，可想而知会有多么乱（恐怕网络邻居也会显示"下一页"吧）。为了解决这一问题，Windows 9x/NT/2000 引用了"工作组"这个概念，比如一所高校，会分为诸如数学系、中文系之类的，然后数学系的计算机全都列入数学系的工作组中，中文系的计算机全部都列入中文系的工作组中……如果要访问某个系别的资源，就在"网上邻居"里找到那个系的工作组名，双击就可以看到那个系别的计算机了。

3. IPX 协议

IPX（Internet work Packet Exchange，互联网络数据包交换）是一个专用的协议簇，它主要由 Novell NetWare 操作系统使用。IPX 是 IPX 协议簇中的第三层协议。SPX（Sequenced Packet Exchange protocol，序列分组交换协议）是 Novell 早期传输层协议，为 Novell NetWare 网络提供分组发送服务。在局域网中用得比较多的网络协议是 IPX/SPX。

IPX 协议簇包括如下主要协议。

1）IPX：第三层协议，用来对通过互联网络的数据包进行路由选择和转发，它指定一个无连接的数据包，相当于 TCP/IP 协议簇中的 IP 协议。

2）SPX：顺序包交换 （Sequenced Packet Exchange）协议，是 IPX 协议簇中的第四层的面向连接的协议，相当于 TCP/IP 协议簇中的 TCP 协议。

3）NCP：NetWare 核心协议（NetWare Core Protocol），提供从客户到服务器的连接和应用。

4）SAP：服务通告协议 （Service Advertising Protocol），用来在 IPX 网络上通告网络服务。

5）IPX RIP：Novell 路由选择信息协议（Routing Information Protocol），完成路由器之间路由信息的交换并形成路由表。

1. 计算机用户账户创建与修改

步骤 1　选择"开始|设置|控制面板|用户账户"选项，如图 4-133 所示。

图 4-133　控制面板

步骤2 完成上面步骤后，出现"用户账户"窗口，单击"创建一个新账户"按钮，如图4-134所示。

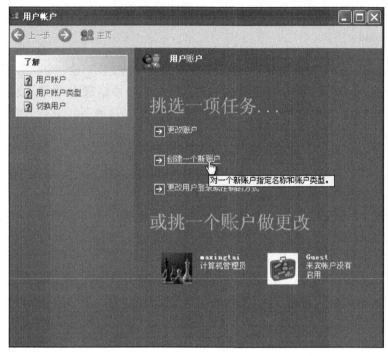

图4-134 "用户账户"窗口1

步骤3 输入新账户的名称，单击"下一步"按钮，如图4-135所示。

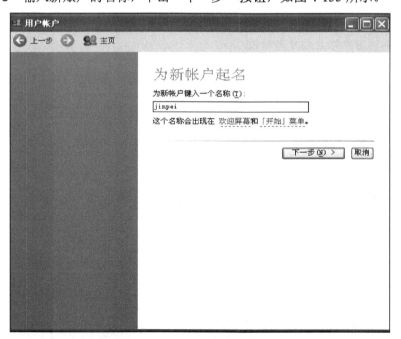

图4-135 "用户账户"窗口2

步骤 4　现在就需要为账户设置一个账户类型，为用户选择一个账户类型时需要注意，如果原来只有管理员账户，默认必须先创建一个计算机管理员账户，直接单击"创建账户"按钮，如图 4-136 所示。

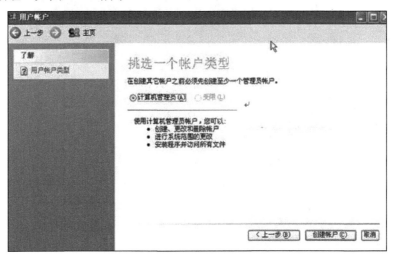

图 4-136　"用户账户"窗口 3

如果已经有了一个计算机管理员账户，这时可以选择"计算机管理员"或"受限"账户类型，这两种类型账户的操作权限是不同的，选择时在下面有说明，如图 4-137 所示。

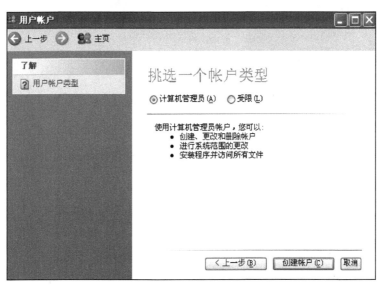

图 4-137　"用户账户"窗口 4

步骤 5　返回到"用户账户"选择窗口，单击刚才创建的账户，如图 4-138 所示。

步骤 6　单击"创建密码"按钮，如图 4-139 所示。

步骤 7　输入密码并重复输入一次，然后单击"创建密码"按钮，如图 4-140 所示。

图 4-138 "用户账户"窗口 5

图 4-139 创建密码

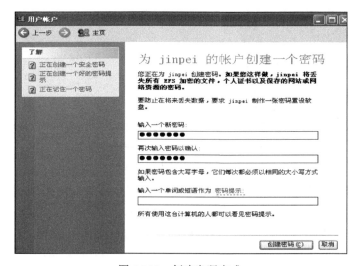

图 4-140 创建密码完成

步骤 8　返回更改账户界面，如图 4-141 所示，在这里，我们可以再次进行删除密码、更改账户类型、更改图片等操作。

图 4-141　更改账户界面

2. 创建用户组

步骤 1　选择"我的电脑"|"管理"|"本地用户和组"|"组"命令，如图 4-142 所示。

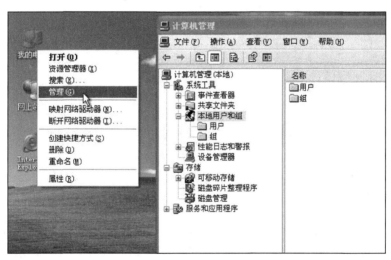

图 4-142　创建用户组 1

> **注意**
>
> 这里也可同时创建用户账户，和上一节创建用户账户的效果一样。

步骤 2　右键单击"组"，选择"新建组"命令，如图 4-143 所示。

步骤 3　填写正确的组名，并且添加相对应的用户到组中，然后单击"确定"按钮，如图 4-144 所示。

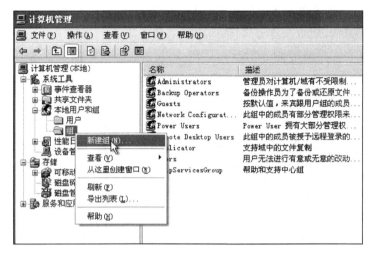

图 4-143　创建用户组 2

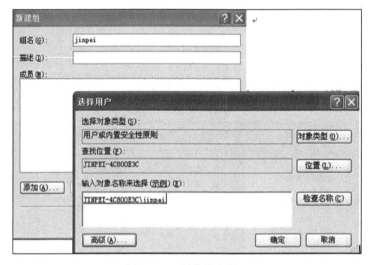

图 4-144　创建用户组 3

3.　添加 IPX 协议

步骤 1　打开"网络连接"窗口，右键单击"本地连接"图标，选择"属性"命令。在打开的"本地连接 属性"对话框中单击"安装"按钮，如图 4-145 所示。

步骤 2　在打开的"选择网络组件类型"对话框中，选中"协议"选项，并单击"添加"按钮，如图 4-146 所示。

步骤 3　打开"选择网络协议"对话框，在"网络协议"列表中选中 NWLink IPX/SPX/NetBIOS 选项，并单击"确定"按钮，如图 4-147 所示。

步骤 4　系统开始安装选定的协议，安装过程无需提供 Windows XP 安装光盘。完成安装后返回"本地连接 属性"对话框，可以在"此连接使用下列项目"列表中看到安装的新协议。单击"关闭"按钮并关闭"网络连接"窗口，如图 4-148 所示。

图 4-145　添加 IPX 协议 1

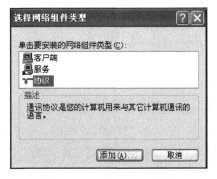

图 4-146　添加 IPX 协议 2

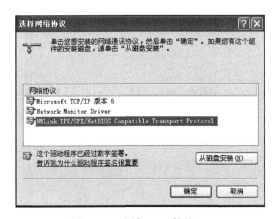

图 4-147　添加 IPX 协议 3

图 4-148　添加 IPX 协议 4

4. IP 地址配置

步骤 1　在计算机桌面上找到"网上邻居"的图标，右键单击并选择"属性"命令，如图 4-149 所示。

步骤 2　弹出"网络连接"对话框后，找到"本地连接"图标，右键单击并选择"属性"命令，如图 4-150 所示。

步骤 3　出现"本地连接 属性"对话框后，选择"Internet 协议（TCP/IP）"，单击"属性"按钮，如图 4-151 所示。

步骤 4　单击"使用下面的 IP 地址（S）"单选按钮；设置 IP 地址为"192.168.1.10"，子网掩码为"255.255.255.0"，单击"确定"按钮，这样计算机的 IP 地址就设置完成了，如图 4-152 所示。

图 4-149　IP 地址设置 1

图 4-150　IP 地址设置 2

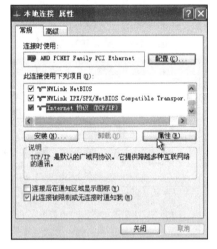

图 4-151　IP 地址设置 3

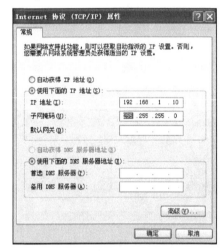

图 4-152　IP 地址设置 4

5. 本地打印机和网络打印机添加

　　步骤 1　选择计算机屏幕右下角的"开始"|"设置"|"控制面板"|"打印机和传真"选项，打开"打印机和传真"文件夹，如图 4-153 所示。

图 4-153　打开"打印机和传真"文件夹

步骤 2　在"打印机和传真"文件夹中，双击"添加打印机"选项，进入"添加打印机向导"对话框，单击"下一步"按钮，如图 4-154 所示。

步骤 3　选择"连接到此计算机的本地打印机"选项，不勾选"自动检测并安装即插即用打印机"，单击"下一步"按钮，如图 4-155 所示。

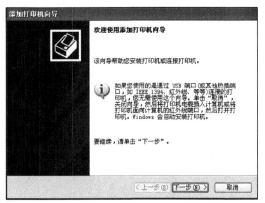

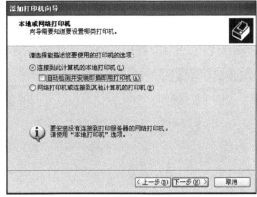

图 4-154　"添加打印机向导"对话框 1　　　　图 4-155　"添加打印机向导"对话框 2

步骤 4　在"使用以下端口"单选按钮中选择"LPT1：打印机端口"（根据实际情况选择），单击"下一步"按钮，如图 4-156 所示。

> **注意**
>
> 此时一定要选择"从磁盘安装"选项；单击"浏览"按钮，然后选择到下载的驱动程序解压所在的文件夹中，然后单击"确定"按钮。

在这里如若选择"创建新端口"单选按钮中的"standard tcp/ip Port"，那么它将添加的是一台网络打印机，如图 4-157 所示。

图 4-156　"添加打印机向导"对话框 3　　　　图 4-157　"添加打印机向导"对话框 4

> **注意**
>
> 单击"下一步"按钮后将要填写 IP 地址和端口号（网络上安装的网络打印机的 IP 地址和使用的端口号），然后直到安装完成。

步骤5 此时，在"打印机"列表中，会自动显示出来打印机的型号，单击"下一步"按钮继续安装驱动，如图4-158所示。

步骤6 在"打印机名"中，不用修改打印机的名称，使用默认的名称即可；同时，可以根据自己的需要选择是否将打印机设置成为默认打印机（推荐选择"是"）。然后，单击"下一步"按钮；选择"不共享这台打印机"选项，单击"下一步"按钮；根据自己的需要选择是否"要打印测试页"，单击"下一步"按钮；之后将会出现"正在完成添加打印机向导"的提示界面。此时，单击"完成"按钮，如图4-159～图4-161所示。

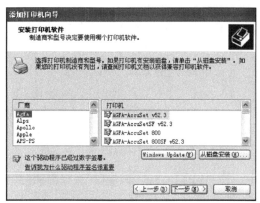

图4-158 "添加打印机向导"对话框5

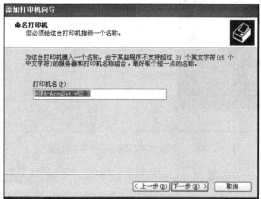

图4-159 "添加打印机向导"对话框6

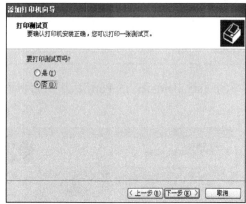

图4-160 "添加打印机向导"对话框7

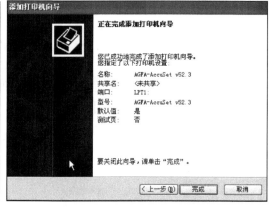

图4-161 "添加打印机向导"对话框8

> **注意**
>
> 在安装打印机时（无论是安装本地打印机还是网络打印机），必须提前准备好打印机的驱动程序，否则安装会失败。

6. 添加虚拟内存

步骤1 首先选择"我的电脑"，右键单击"属性"快捷菜单找到"高级"选项卡。在"高级"选项卡里面可以看到"性能"选项，然后单击"设置"按钮，如图4-162所示。

步骤 2　在"性能选项"中找到"高级"，这里面就有"虚拟内存"了。单击"更改"按钮，需要注意的是，设置虚拟内存的大小尽量为计算机的物理内存（真实内存）一倍至物理内存的两倍，如图 4-163 所示。

步骤 3　在弹出的对话框中设置虚拟内存的大小，如图 4-164 所示。确定虚拟内存究竟是从哪个盘里面分出一块空间来。这里需要说明的是，尽量设置虚拟内存在系统盘以外的盘，这样可以确保系统的快捷性。选择好磁盘和大小之后，确定就会有足够的内存进行我们所需的操作了。但是要注意的是，虚拟内存只能是短期支持大内存软件操作，如果长期需要用大内存，还是加内存条比较好，这样，使用软件时计算机就不会那么慢。

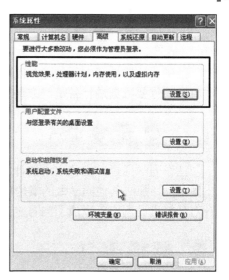

图 4-162　添加虚拟内存 1

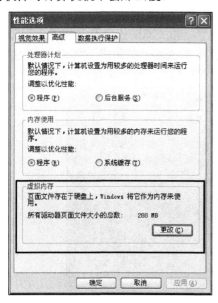

图 4-163　添加虚拟内存 2

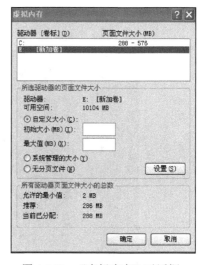

图 4-164　"虚拟内存"对话框

学习活动 4.4 ┃ 网络克隆

活动目标

通过前面知识的学习，现在需要对系统进行备份，以免系统发生故障后无法恢复。现在需要针对计算机整盘备份、克隆服务端的安装与使用、网络整盘克隆的操作（服务端和客户端）、网络分区克隆操作等相关的知识进行学习。

为了让计算机在出现故障时能够将损失减少到最低，就可以在系统完好的时候对计算机中的重要数据进行备份，方便这些数据的还原。

王东同学通过对实验室内的计算机设置了一些安排保护以后发现，如果将来计算机出现故障，那么其他同学做的实验就一定会作废。为了保护计算机的的内容，王东同学针对计算机做网络克隆成了当务之急。

1. 全盘备份

步骤 1 使用 Ghost 启动软盘启动计算机，然后输入 Ghost 命令并按 Enter 键。

步骤 2 打开 Ghost 程序主界面。并依次选择"local（本机）"|"Disk（磁盘）"菜单命令，然后选择"To Image（备份到映像文件）"选项，如图 4-165 所示。

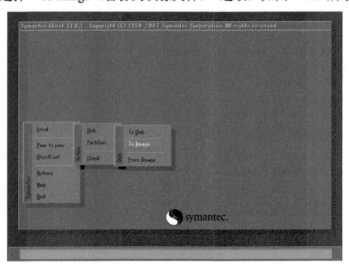

图 4-165 全盘备份 1

步骤 3 在打开的"Select local source drive by clicking on the drive number（选择本机源驱动器并单击相应的驱动器序号）"对话框中，选中需要备份的驱动器作为源驱动器（即运行正常的系统所在的驱动器），并单击"OK"按钮，如图 4-166 所示。

步骤 4 打开"File name to copy image to（生成的映像文件存储位置）"对话框。单击"look in（查找）"选择框右侧的下拉三角按钮，在路径列表中选中用于保存映像文件的分区。然后在"File name（文件名）"编辑框中输入映像文件名称（如 DiskBak），并单击"Save"按钮，如图 4-167 所示。

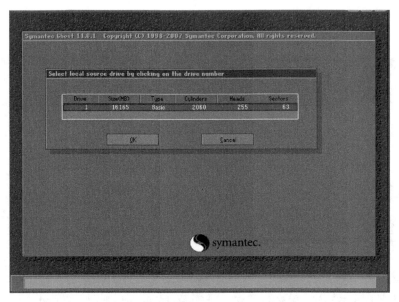

图 4-166 全盘备份 2

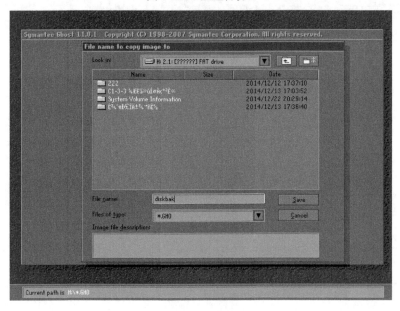

图 4-167 全盘备份 3

> **注意**
>
> 在选择映像文件时，不能将映像文件保存在源驱动器中。

步骤 5 在打开的"Compress Image（压缩映像）"对话框中选择合适的压缩模式，Ghost 提供了"No（不压缩）"、"Fast（快速）"和"High（高压缩）"3 种模式。本例中选择高压缩模式，单击"High"按钮，如图 4-168 所示。

步骤 6 在随后打开的提示框中会要求再次确认操作的正确性。单击"Yes"按钮即可开始备份。备份过程需要一段时间，完成后单击"Continue"按钮继续，如图 4-169 所示。

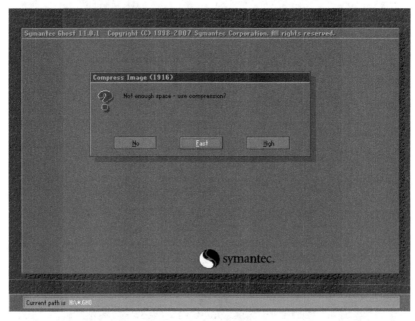

图 4-168　全盘备份 4

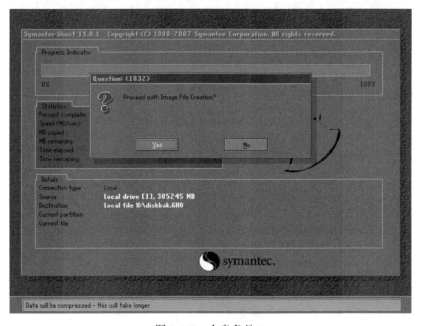

图 4-169　全盘备份 5

> **注意**
>
> 　　完成备份操作后，建议校验生成映像文件的完整性和中途可能发生的错误。这一操作可通过执行"Local（本机）" | "Check（检查）"命令来实现，如图 4-170 所示。

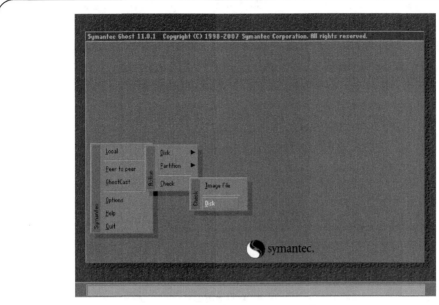

图 4-170　校验映像文件

2.　网络整盘克隆

　　步骤 1　假设 A 机为要网刻的机器，B 机是克隆服务器。要网络克隆必须要有一个镜像文件，我们可以先在 B 机上做一个镜像文件。

　　步骤 2　服务器整盘克隆（在前面项目中已经描述过克隆的方法，这里就不再描述）。

　　步骤 3　设置服务器段（B 主机），使用"MaxDOS 网刻服务器 v2.0"软件。设置方案名称为任意字符（如：Max），克隆任务为恢复镜像（网络克隆），现在克隆模式为 PXE 模式，然后设置镜像文件路径。完成后单击"下一步"按钮，如图 4-171 所示。

图 4-171　网络整盘克隆 1

　　步骤 4　单击"下一步"按钮后,出现如图 4-172 所示的对话框。选择整盘克隆(注意:如果是分区克隆,就需要选择"分区克隆"),然后客户端参数中包括了禁用 USB 设备、禁用 1394 设备、禁用 IDE 设备、多点传送、直接广播、单点传送等内容。这里我们选择"直接广播"(如果不知道怎么选,最好保持默认),然后单击"保存"按钮,方案已经建成。

图 4-172　网络整盘克隆 2

　　步骤 5　选中刚刚建立的方案,进行"网络设置"。如图 4-173 所示:设置启动网卡为 192.168.1.3(本地网卡)。起始地址为 192.168.1.2,子网掩码为 255.255.255.0(通过 DHCP 服务器分配给客户端的 IP 地址段)。设置启动文件,设置引导文件(这些文件都是在 MaxDOS 软件包中存在的,不需要自己编写)。设置完成后单击"保存"按钮,启动方案。

图 4-173　网络整盘克隆 3

步骤 6　将客户端 A 主机和服务器 B 主机链接并开启 A 主机的电源。默认情况下，A 主机是从 PXE 模式启动（保持默认），启动后出现如图 4-174 所示的样式正在向服务器索要地址（这里它向服务器索要的地址为：192.168.1.2 mask：255.255.255.0 DHCP：192.168.1.3）。

```
Network boot from AMD Am79C970A
Copyright (C) 2003-2008  VMware, Inc.
Copyright (C) 1997-2000  Intel Corporation

CLIENT MAC ADDR: 00 0C 29 D8 8D 0D  GUID: 564DB051-456D-86B2-5400-511084D88D0D
CLIENT IP: 192.168.1.2  MASK: 255.255.255.0  DHCP IP: 192.168.1.3
PXE Menu Boot File v1.10
Transferring image file..
_
```

图 4-174　网络整盘克隆 4

步骤 7　获取完地址后，客户端还需要检测并加载网卡驱动，如图 4-175 所示。

```
Please wait......
正在检测并加载网卡驱动,这个过程可能持续数秒或数十秒,请耐心等待......
```

图 4-175　网络整盘克隆 5

步骤 8　当加载完网卡驱动后，出现 MaxDOS7.1 工具列表（系统默认指向全自动网络克隆，不用选择等待 5 秒过后自动进入克隆界面），如图 4-176 所示。

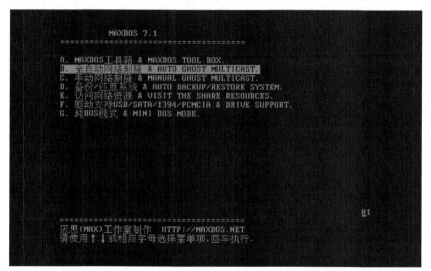

图 4-176　网络整盘克隆 6

步骤 9：完成上面过程之后，切换到服务器 B 主机上来，就可以在 Max-Symantec Ghostcast 服务器上看到链接客户端的数量。如图 4-177 所示：然后单击"发送"按钮，这样客户端就直接在服务器上下载备份文件，然后在客户端上安装，如图 4-178 所示。

步骤 10　当客户机下载并安装完成后，系统将自动启动。然后同时会在服务器 Max-Symantec Ghostcast 服务器提示"传送完成"对话框，如图 4-179 所示。

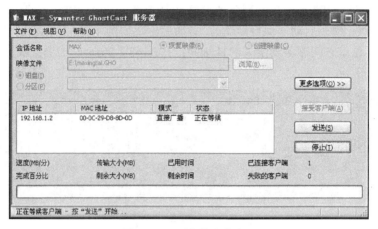

图 4-177　网络整盘克隆 7

图 4-178　网络整盘克隆 8

图 4-179　网络整盘克隆 9

3. 打印机的介绍、墨盒更换、碳粉更换等

（1）安装打印机

步骤 1 首先把随机配送光盘放进光驱，如果要安装打印机的计算机没有光驱，也可以直接把文件复制到 U 盘，再放到该计算机上即可。

步骤 2 如果由光盘启动，系统会自动运行安装引导界面，如果复制文件，则需要找到 launcher.exe 文件，双击运行，如图 4-180 所示。

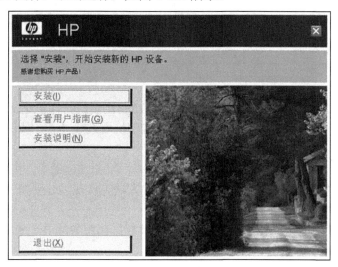

图 4-180 安装打印机 1

步骤 3 系统会提示是安装一台打印机还是修复本机程序，如果是新的打印机则先添加选项，如果修复程序则单击"修复"单选按钮，如图 4-181 所示。

步骤 4 接着系统会提示把打印机插上电源，并连接到计算机，如图 4-182 所示。

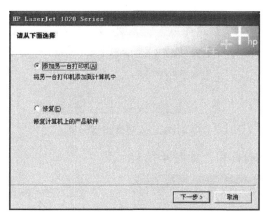

图 4-181 安装打印机 2

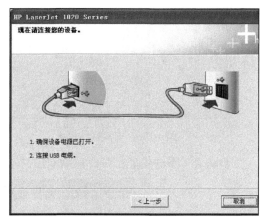

图 4-182 安装打印机 3

步骤 5 此时把打印机和计算机连上，并打开开关，然后系统即在本机装驱动，如图 4-183 所示。

步骤 6 装完后提示安装完成，如图 4-184 所示。

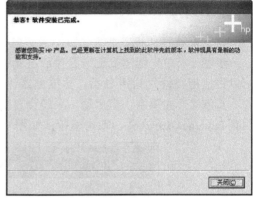

图 4-183　安装打印机 4　　　　　　　　　　图 4-184　安装打印机 5

步骤 7　进到我的打印机和传真里面，右键单击刚装的打印机选择"属性"命令，单击"打印测试页"按钮，打出来则表示你的打印机安装成功了，如图 4-185 所示。

（2）网络打印机安装方法

网络打印机安装相对于本地打印机来说简单多了，无须驱动盘，也无须连接打印机，只要用户的机器能连上共享打印机即可，有两种方法可实现，分别如下。

方法一：

步骤 1　直接执行"开始"|"运行"|"输入共享打印服务端 IP"命令，然后单击"确定"按钮，如图 4-186 所示。

图 4-185　安装打印机 6　　　　　　　　　图 4-186　安装网络打印机 1

步骤 2　弹出共享窗口，然后双击共享的打印机，如图 4-187 所示。

图 4-187　安装网络打印机 2

弹出连接打印机的提示，单击"确定"按钮完成网络打印机安装，如图 4-188 所示。

图 4-188 安装网络打印机 3

方法二：

步骤 1 打开控制面板，选择打印机与传真，单击左侧"添加打印机"按钮，如图 4-189 所示。

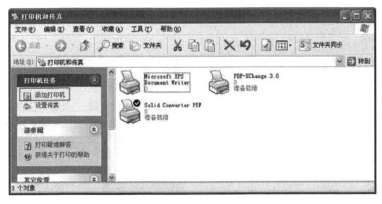

图 4-189 安装网络打印机 4

步骤 2 弹出"添加打印机向导"窗口，直接单击"下一步"按钮，如图 4-190 所示。

步骤 3 提示要安装的打印机选项，选择网络打印机后单击"下一步"按钮，如图 4-191 所示。

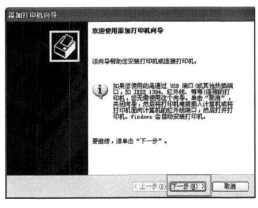

图 4-190 安装网络打印机 5

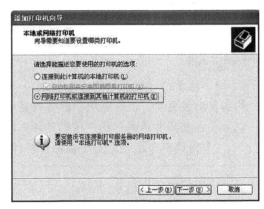

图 4-191 安装网络打印机 6

步骤 4 弹出网络打印机的查找方式，这里采用最简单的局域网内查找打印机，如图 4-192 所示。

步骤 5 输入网络打印机路径后单击"下一步"按钮，会弹出安装打印机提示，如图 4-193 所示。

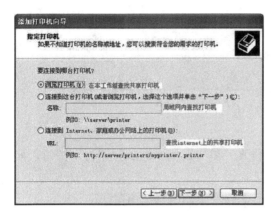

图 4-192　安装网络打印机 7　　　　　　　　　图 4-193　安装网络打印机 8

步骤 6　选择"是"后系统从共享打印机服务端下载驱动，并安装到本地，安装完后会提示是否设置成默认打印机，如图 4-194 所示。

步骤 7　直接单击"下一步"按钮后完成网络打印机安装，如图 4-195 所示。

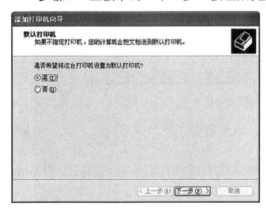

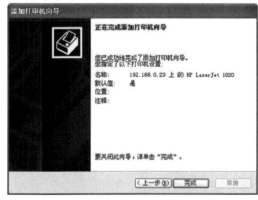

图 4-194　安装网络打印机 9　　　　　　　　　图 4-195　安装网络打印机 10

注意

1）本地打印机驱动程序安装前，打印机一定不要先连计算机，不然有些计算机会自动装驱动，但这驱动和原装的驱动一般都不兼容。所以一般在驱动安装成功以后或者安装提示用户连打印机时再把打印机连到计算机上。

2）网络打印机安装前要确保本机能与网络打印机连通。

（3）更换打印机粉盒

步骤 1　抓紧左侧和右侧的把手，小心地打开前盖，如图 4-196 所示。

步骤 2　从左侧开始，这些碳粉的安装顺序依次为黑色（K）、黄色（Y）、青色（C）和品红色（Y），如图 4-197 所示。

步骤 3　抓住要更换颜色的碳粉，将其小心拉出，如图 4-198 所示。

步骤 4　请勿摇动取出的碳粉，可能会泄漏剩余的碳粉。

步骤 5　缓慢将碳粉拉出，当心不要令碳粉泄漏。

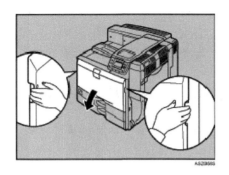

图 4-196 更换打印机粉盒 1

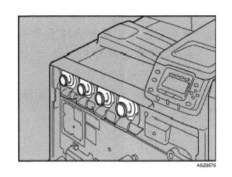

图 4-197 更换打印机粉盒 2

步骤 6 将旧碳粉放在纸张或其他一些介质上，以免弄脏工作空间。

步骤 7 从包装盒中取出新碳粉。上下摇动碳粉 5～6 次，如图 4-199 所示，摇匀瓶中的碳粉可以提高打印质量。

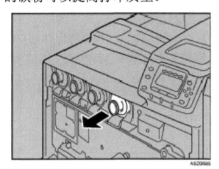

图 4-198 更换打印机粉盒 3

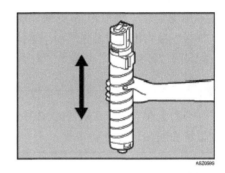

图 4-199 更换打印机粉盒 4

步骤 8 将标签朝上，把碳粉完全插入到位，此时要将碳粉盒保持水平，如图 4-200 所示，请勿反复装卸碳粉，否则会导致碳粉泄漏。

步骤 9 小心地关闭前盖。并等待显示屏上的 [🔋 正在装入碳粉] 消失。

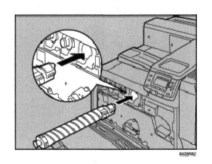

图 4-200 更换打印机粉盒 5

> **注意**
>
> 1）将碳粉（用过的或未用的）和碳粉盒放在儿童触摸不到的地方。如果儿童误食了碳粉，请立即就医。
>
> 2）如果吸入碳粉或废碳粉，应用大量清水漱口，并移到空气清新的环境中。必要时请就医。
>
> 3）如果碳粉或废碳粉进入眼睛，应立即用大量水清洗。必要时请就医。
>
> 4）如果误食了碳粉或废碳粉，应大量饮水稀释。必要时请就医。
>
> 5）取出卡纸或更换碳粉时，应避免让碳粉附着到衣服或皮肤上。如果皮肤接

触到碳粉，应用肥皂和水清洗受影响的部位。

6）如果碳粉附着到衣服上，应用冷水清洗。热水会导致碳粉进入衣物纤维内，从而导致无法清除污点。

7）我们的产品设计目标是满足高标准和功能性。我们建议用户只购买授权经销商指定的耗材。

8）请勿用力打开碳粉盒。碳粉可能溅出、弄脏衣服或手，还可能导致意外吸入呼吸道。

9）请勿焚烧溢出或用过的碳粉。碳粉尘屑是易燃物，如果暴露在明火下，可能起火燃烧。

10）应在授权经销商处或适当的回收点对废弃单元进行处理。

（4）更换墨盒

当出现信息"墨粉不足/更换墨粉"时，使用新墨粉盒更换。

如果在接收传真时发生墨粉用尽错误，传真打印将会中断，接收的数据将保存到存储器中。如果将"连续打印"设置为"打开"，无需更换墨粉盒也可继续打印传真文档或报告。

> **注意**
>
> 切勿触摸带有"CAUTION! Hot surface avoid contact"等标签的辊轴和部件。这些区域在使用时会变得很烫。

步骤 1 用手抓住操作面板的前端，如图 4-201 所示。

步骤 2 抬起扫描台（A）直到其锁定（会听到"咔嗒声"），如图 4-202 所示。

图 4-201　更换墨盒 1

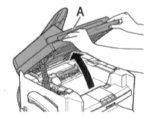

图 4-202　更换墨盒 2

步骤 3 抓住墨粉盒盖板右前端的把手（A），如图 4-203 所示。

步骤 4 打开墨粉盒盖板，如图 4-204 所示。

步骤 5 取出墨粉盒，如图 4-205 所示。

图 4-203　更换墨盒 3

图 4-204　更换墨盒 4

步骤 6　将新墨粉盒从保护袋中取出，如图 4-206 所示。

图 4-205　更换墨盒 5

图 4-206　更换墨盒 6

注意

1）请勿打开感光鼓保护盖（A），如图 4-207 所示。

2）请保留保护袋。当从本机上拆下墨粉盒时，将会用到保护袋。

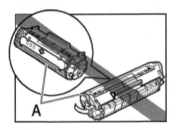
图 4-207　感光鼓保护盖

步骤 7　轻轻摇动墨粉盒数次，使墨粉盒内的墨粉均匀分布，如图 4-208 所示。

步骤 8　将墨粉盒放在平坦的表面上，将封条完全拉出，如图 4-209 所示。

图 4-208　更换墨盒 7

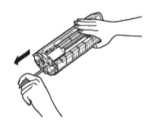
图 4-209　更换墨盒 8

注意

如果墨粉粘在取下的封条上，注意不要让手或衣服被墨粉弄脏，如图 4-210 所示。

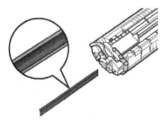
图 4-210　取下封条

步骤 9 握住手柄（A）拿起墨粉盒，如图 4-211 所示。

> **注意**
>
> 1）请勿打开墨粉盒上的感光鼓保护盖。如果感光鼓表面曝光或损坏，打印质量可能会下降。
>
> 2）拿墨粉盒时务必握住其手柄。

步骤 10 插入墨粉盒时，让墨粉盒右侧的突出部分（A）卡入本机右侧的导板（B），然后沿着导板平行滑入，如图 4-212 所示。

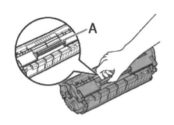
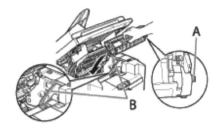

图 4-211　更换墨盒 9　　　　　　　　　　图 4-212　更换墨盒 10

步骤 11 推入墨粉盒，确保墨粉盒正确装入本机，如图 4-213 所示。

步骤 12 抓住墨粉盒盖板右前端的把手（A），如图 4-214 所示。

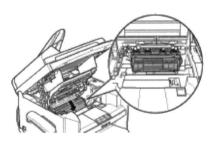
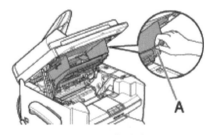

图 4-213　更换墨盒 11　　　　　　　　　　图 4-214　更换墨盒 12

步骤 13 关闭墨粉盒盖板，如图 4-215 所示。

步骤 14 放下扫描台，如图 4-216 所示。

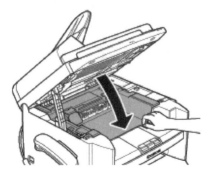

图 4-215　更换墨盒 13　　　　　　　　　　图 4-216　更换墨盒 14

> **注意**
> 1）请小心不要夹到手指。
> 2）如果无法关闭墨粉盒盖板，切勿强行关闭。打开墨粉盒盖板，确保墨粉盒正确装入本机。

（5）投影机的安装与设置

1）计算机连接投影仪的方法。

步骤 1 首先将外接投影仪连线插入计算机的 D-SUB IN 视频接口，也就是先将计算机与投影仪相连接，如图 4-217 所示。

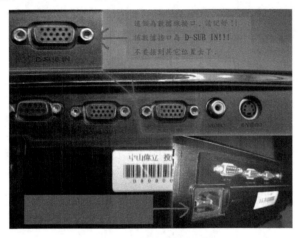

图 4-217　计算机连接投影仪 1

接投影仪一般就两条线，一条电源线和一条数据线，接法如图 4-217 所示，数据线一定要接到 D-SUB IN 里，注意不要接错了，如图 4-218～图 4-220 所示。

图 4-218　计算机连接投影仪 2

步骤 2 进入计算机传统桌面，在桌面空白处右键单击，然后选择"屏幕分辨率"命令（Windows 7/Windows 8 通用），如图 4-221 所示。

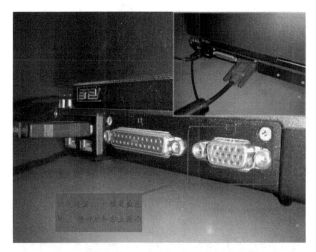

图 4-219　计算机连接投影仪 3

图 4-220　计算机连接投影仪 4

步骤 3　然后在弹出的屏幕分辨率设置选项中选择"高级设置"选项，如图 4-222 所示。

图 4-221　屏幕分辨率

图 4-222　屏幕分辨率设置

步骤 4 接下来在核芯显卡设置中，切换到"英特尔核芯显卡控制面板"选项卡，如图 4-223 所示。

步骤 5 单击"图形属性"设置，如图 4-224 所示。

图 4-223 核芯显卡设置　　　　　图 4-224 图形属性设置

步骤 6 然后再选择"显示"操作，如图 4-225 所示。

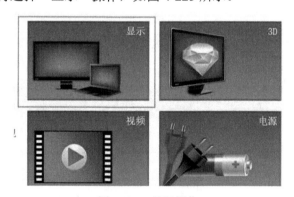

图 4-225 显示操作

步骤 7 最后再单击下拉菜单中的"多屏显示"选项，此项即为设置多屏，实现投影仪切换选项，如图 4-226 所示。

需要注意的是，最后需要在左侧选择复制或者扩展等切换方式，来完成以上所有设置，如图 4-227 所示。

以上就是笔记本连接投影仪的具体设置步骤，设置步骤看似很多，但操作起来非常简单。

2）NVIDIA 显卡控制台。

步骤 1 右键单击桌面，打开 NVIDIA 显卡控制台。

步骤 2 单击"显示"左侧的下拉按钮，选择"设置多个显示器"选项；如图 4-228 所示。

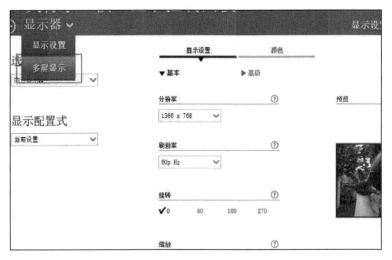

图 4-226　多屏显示设计

图 4-227　完成连接设置

图 4-228　设置多个显示器

步骤 3 勾选已经检测到的外接显示屏幕，如图 4-229 所示。

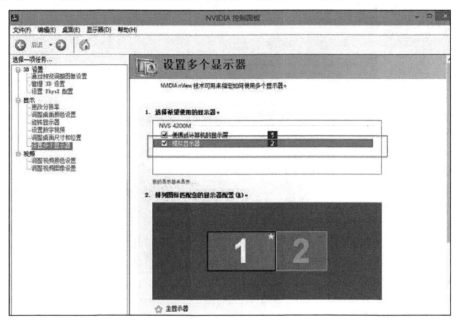

图 4-229　勾选已检测到的外接显示屏幕

步骤 4 单击"应用"按钮即可实现扩展功能，拖动屏幕 1 和屏幕 2 可以适当调节显示器的排列位置，如图 4-230 所示。

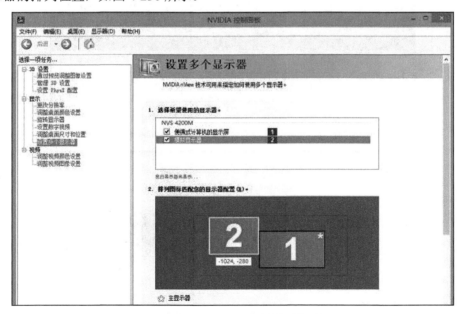

图 4-230　调节显示器的排列位置

步骤 5 在排列图表中右键单击屏幕 2，选择复制 1，单击"应用"按钮，可实现屏幕的复制功能，如图 4-231 所示。

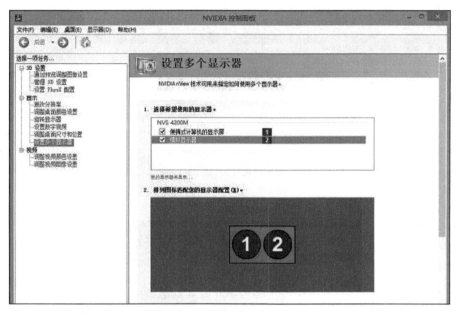

图 4-231 复制屏幕

3）AMD 显卡控制台。

步骤 1 右键单击桌面，打开 AMD 显卡控制台。

步骤 2 单击桌面和显示器，如图 4-232 所示。

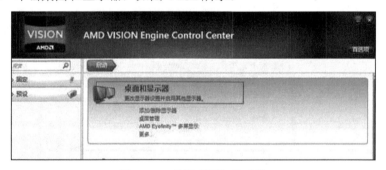

图 4-232 选择桌面和显示器

步骤 3 直接选择复制或扩展桌面，如图 4-233 所示。

图 4-233 复制或扩展桌面

步骤 4　在下面的附加选项里同样可以适当调节屏幕的排列和选择屏幕的复制，如图 4-234 所示。

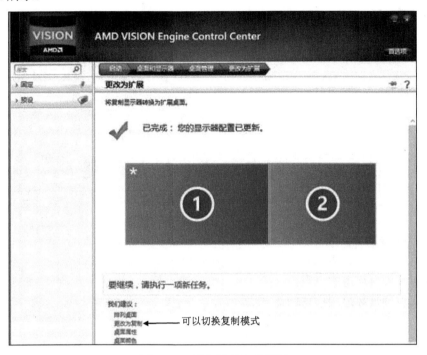

图 4-234　附加选项中的设置

项目 5

计算机故障排除

学习活动 5.1　硬盘坏道扫描与修复

活动目标

1）了解硬盘坏道的表现。
2）掌握硬盘坏道扫描与修复方法。

情景引入

公司的网络管理员近期发现公司的计算机系统出现运行缓慢、频繁死机、蓝屏、数据丢失等问题，有时还会出现硬盘高速旋转的杂音等情况。

情景分析

硬盘使用久了就可能出现各种各样的问题，而硬盘"坏道"便是其中最常见的问题。硬盘出现坏道除了硬盘本身质量以及老化原因外，主要是平时在使用上不够注意，如内存太少以致应用软件对硬盘频繁访问，对硬盘过分频繁地整理碎片，不适当的超频，电源质量不好，温度过高，防尘不良，振动等。

相关知识

1. 硬盘坏道的表现

硬盘坏道分为逻辑坏道和物理坏道两种。前者为软坏道，通常为软件操作或使用不当造成的，可用软件修复；后者为真正的物理坏道，它表明用户硬盘磁道上产生了物理损伤，只能通过更改硬盘分区或扇区的使用情况来解决。硬盘一旦出现下列现象，用户就该注意硬盘是否已经出现了坏道。

1）在读取某一文件或运行某一程序时，硬盘反复读盘且出错，提示文件损坏等信息，或者要经过很长时间才能成功，有时甚至出现蓝屏等。

2）硬盘声音突然由原来正常的摩擦音变成了怪音。

3）在排除病毒感染的情况下系统无法正常启动，出现"Sector not found"或"General error in reading drive C"等提示信息。

4）FORMAT 硬盘时，到某一进度停止不前，最后报错，无法完成。

5）每次系统开机都会自动运行 Scandisk 扫描磁盘错误。

6）对硬盘执行 FDISK 时，到某一进度会反复进进退退。

7）启动时，不能通过硬盘引导系统，用软盘启动后可以转到硬盘盘符，但无法进入，用 SYS 命令传导系统也不能成功。这种情况很有可能是硬盘的引导扇区出了问题。

如何才能比较准确地判断出硬盘是否出现了坏道呢？

系统启动需要很长时间，并且在正常进入系统后，即使没有进行任何操作，硬盘仍狂响不停，这说明硬盘可能出现坏道，从而导致硬盘内的数据来回移动。当然，出现这种情况也可能使由于长时间使用系统，又没有进行文件碎片整理所致。

每次开机时，Scandisk 磁盘扫描程序自动运行，表明硬盘上肯定有需要修复的重大错误，如坏道。在运行程序时，如果不能顺利通过或时好时坏，则表明硬盘有坏道。另外，扫描虽然也可通过，但出现红色的"B"标记，表明也有坏道。

在读取某一个文件或者某一程序时，硬盘反复读盘并且经常出错，或者要经过长时间才能成功，同时硬盘发出异样的杂音，这种现象也说明硬盘可能存在坏道。

格式化硬盘时，到某一进度时停滞不前，最后报错，这时硬盘极有可能出现大面积的坏道。

系统启动时硬盘无法引导，用光盘启动后可看见硬盘盘符但无法对它进行存取操作或操作有误或干脆就看不见盘符，表明硬盘上可能出现坏道。具体表现如开机自检过程中屏幕提示"Hard disk drive failure"、"Hard drive controller failure"等类似信息，则可以判断为硬盘驱动器或硬盘控制器硬件故障。当然，该类错误提示也有可能是由于病毒破坏造成的。另外，在读/写硬盘时，提示"Sector not found"或"General error in reading drive C"等类似错误信息，则表明硬盘磁道出现了物理损伤。

当出现上述症状时，要尽快备份重要的数据，以免造成重大损失。如果希望确认硬盘是否真出现了坏道，可以使用扫描或修复工具软件对磁盘进行扫描或修复。

2. 磁盘扫描工具修复逻辑坏道的方法

首先，从最简单的方法入手。当系统出现运行缓慢、频繁死机、蓝屏、数据丢失等情况时，应该想到是否出现了硬盘坏道。判断硬盘坏道常借助 Windows 系统自带的磁盘扫描工具，磁盘扫描工具的使用方法如下。

步骤 1　右击计算机图标，在弹出的快捷菜单中选择"管理"命令，如图 5-1 所示。

步骤 2　在弹出的"计算机管理"对话框中选择"存储|磁盘管理"选项，如图 5-2 所示。

图 5-1　选择"管理"命令

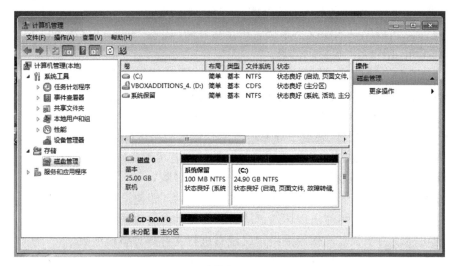

图 5-2　"计算机管理"对话框

步骤 3　选择相应的磁盘盘符，在弹出的驱动器快捷菜单中选择"属性"命令，如图 5-3 所示。

步骤 4　在弹出的"本地磁盘属性"对话框中，切换到"工具"选择卡，单击"开始检查"按钮，执行磁盘扫描命令，如图 5-4 所示。

图 5-3　选择"属性"命令　　　　图 5-4　"本地磁盘属性"对话框

步骤 5　在打开的"检查磁盘 本地磁盘"对话框中勾选"自动修复文件系统错误"和"扫描并尝试恢复坏扇区"两个复选项，如图 5-5 所示，单击"开始"按钮进行扫描和修复，如图 5-6 所示。

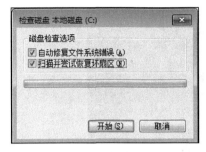

图 5-5 "检查磁盘 本地磁盘"对话框　　　　　　图 5-6 磁盘扫描

步骤 6 扫描和修复完成之后会弹出"已成功扫描你的设备或磁盘"对话框，提示已完成磁盘检查，单击"查看详细信息"可以查看扫描情况，如图 5-7 所示，单击"关闭"按钮即可结束扫描程序。

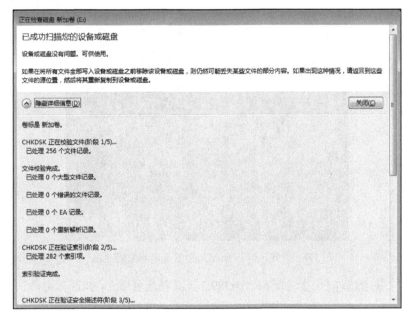

图 5-7 磁盘检查完成对话框

3. U 盘启动盘 scandisk 磁盘修复使用方法

磁盘是计算机中重要的一部分，如果磁盘出现故障，将可能导致计算机无法正常运行，并且可能导致计算机中的文件数据丢失。为了避免这样的情况发生，用户可以对磁盘进行扫描修复，下面就来介绍 U 深度启动盘中的磁盘扫描修复工具。

步骤 1 将 U 盘制作成 U 深度启动盘，然后连接计算机，重启计算机后显示器出现开机界面的时候按下启动快捷键，系统进入启动项选择窗口，选择 U 盘启动后系统进入U 深度主菜单中，如图 5-8 所示。

步骤 2 在 U 深度主菜单界面，利用键盘的上下方向键选择【07】，运行 MaxDOS工具箱增强版菜单，按回车键确认，如图 5-9 所示。

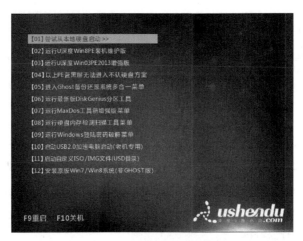

图 5-8　U 深度主菜单界面

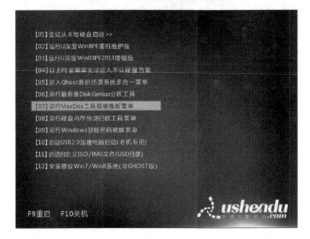

图 5-9　选择"运行 MarDOS 工具箱增强版菜单"

步骤 3　接着选择【01】运行 MaxDOS9.3 工具箱增强版 C，按回车键确认，如图 5-10 所示。

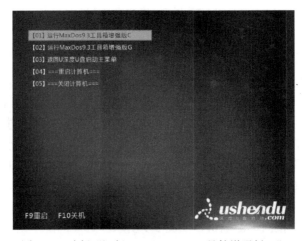

图 5-10　选择"运行 MaxDOS 9.3 工具箱增强版 C"

步骤 4　进入 MAXDOS 9.3 主菜单界面后，选择"A.MAXDOS 工具箱"，按回车键确认，如图 5-11 所示。

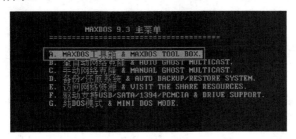

图 5-11　选择"MAXDOS 工具箱"

步骤 5　在中文 MaxDOS9.3 增强版工具箱中，找到磁盘扫描修复工具，在下方的光标处输入"scandisk"（不区分大小写），按回车键确认，如图 5-12 所示。

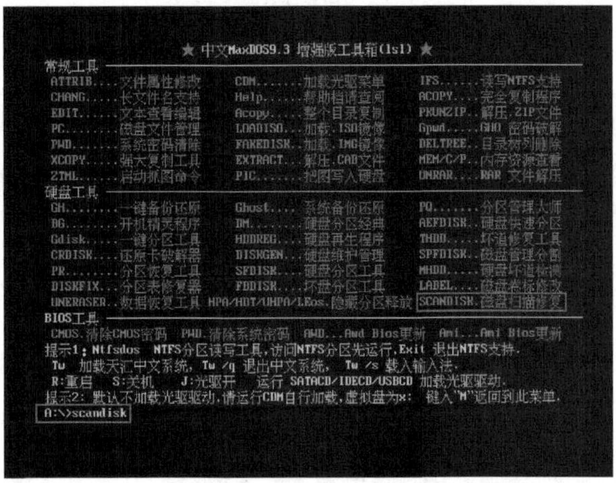

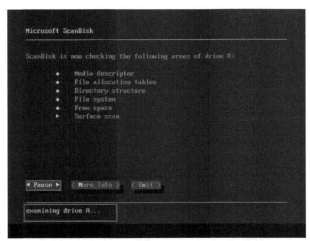

图 5-12　MaxDOS 9.3 增强版工具箱

步骤 6　此时磁盘扫描修复工具会自动扫描系统中的磁盘，单击"Pause"按钮，如图 5-13 所示。

图 5-13　自动扫描（一）

步骤 7 在弹出的提示框中单击"Yes"按钮，如图 5-14 所示。

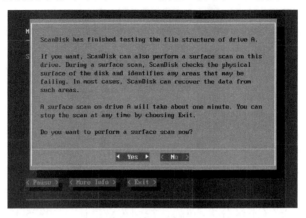

图 5-14 自动扫描（二）

步骤 8 这时只需等待工具扫描修复完成即可，如图 5-15 所示。

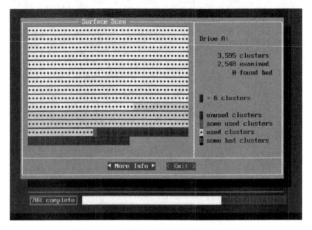

图 5-15 等待工具扫描修复完成

步骤 9 当扫描修复完成后，工具会给出扫描修复的信息，单击 Exit 按钮退出，如图 5-16 所示。

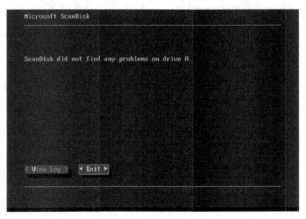

图 5-16 退出工具箱

对于物理坏道 Scandisk 就无能为力了，它只能将其标记为坏道以后不再对这块区域进行读写操作，物理坏道具有"传染性"，会向周边扩散，导致存储于坏道附近的数据也处于危险境地。用 Scandisk 查到坏道时停止，注意观察 Scandisk 停止时的数值，如22%，假设硬盘总容量为 2GB，2GB×22%=0.44GB，硬盘出现坏道的起始位置大致为440MB 处，由于硬盘坏道容易向周边扩散，所以必须留有足够的缓冲区，将硬盘第一个分区容量设定为400MB，其余 1.6GB 按 200MB 为单位分为 8 个区，使用 Scandisk 检查所有分区，将无法通过 Scandisk 检测的分区删除或隐藏，以确保系统不再读写这些区域。其余相邻的分区可合并后使用。分区、隐藏、删除、合并等操作可使用图形化界面的 DiskGenius 工具软件进行操作。

4. DiskGenius 工具软件的使用方法

DiskGenius 不仅是一款硬盘分区及数据维护软件，同样也是处理硬盘坏道的能手，而且功能丝毫不比 FBDISK 逊色。DiskGenius Windows 版是在最初的 DOS 版的基础上开发而成的。Windows 版本的 DiskGenius 软件除了继承并增强了 DOS 版的大部分功能外，还增加了许多新的功能。如下面介绍 DiskGenius 工具软件的使用方法已删除文件恢复、分区复制、分区备份、硬盘复制等功能。软件界面如图 5-17 所示。

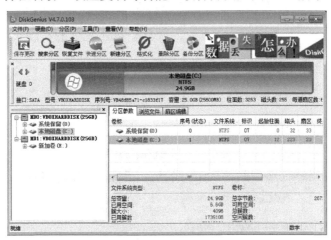

图 5-17 DiskGenius 软件界面

步骤 1 下载 DiskGenius，下载之后无需安装，只要将其解压缩到硬盘上就可以使用了。

双击 Disk Genius.exe 就可以运行，如图 5-18 所示，程序界面如图 5-19 所示。

步骤 2 选中一个逻辑磁盘，如逻辑磁盘 E，单击"硬盘"菜单，选择"坏道检测与修复"选项进行检测，如图 5-20 所示。

步骤 3 选择"坏道检测与修复"选项之后，在弹出的对话框中可以看到 H 盘的柱面范围，单击"开始检测"按钮，如图 5-21 所示。

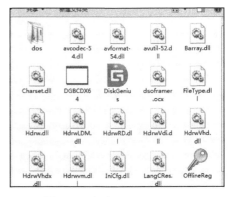

图 5-18 运行 DiskGenius.exe

图 5-19　程序界面

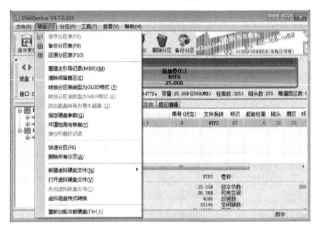

图 5-20　坏道检测与修复

图 5-21　开始检测

柱面解释：硬盘最基本的组成部分是由坚硬金属材料制成的涂以磁性介质的盘片，不同容量硬盘的盘片数不等。每个盘片有两面，都可记录信息。盘片被分成许多扇形区域，每个区域称为一个扇区，每个扇区可存储 128×2 的 N 次方（N=0.1.2.3）字节信息。在 DOS 中，每扇区是 $128\times2^2B=512B$，盘片表面以盘片中心为圆心，不同半径的同心圆称为磁道。硬盘通常由重叠的一组盘片构成，每个盘面都被划分为数目相等的磁道，并从外缘的"0"开始编号，具有相同编号的磁道形成一个圆柱（即柱面是一个立体概念，磁道是一个平面概念，同一个盘面上的柱面大小是所有盘面相同半径的磁道大小总和），称之为磁盘的柱面。磁盘的柱面数量与一个盘面上的磁道数量是相等的，每个柱面容量大小=磁道容量×盘面数量。由于每个盘面都有自己的磁头，因此，盘面数等于总的磁头数。所谓硬盘的 CHS，即 Cylinder（柱面）、Head（磁头）、Sector（扇区），只要知道了硬盘的 CHS 的数目，即可确定硬盘的容量，硬盘的容量=柱面数×磁头数×扇区数×单个容量扇区大小（一般初始为 512 字节），如图 5-22 所示。

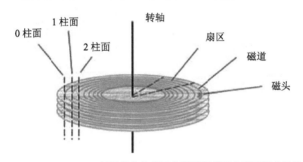

每张盘片由若干个磁道和若干个扇区组成从外向内分别为 0 磁道、1 磁道、2 磁道……不同盘片的同一磁道构成一圆柱面称为柱面，柱面由外向内依次为 0 柱面、1 柱面、2 柱面……磁盘将信息按扇区存入

图 5-22　硬盘示意图

步骤 4　单击"开始检测"按钮进行扫描之后，会弹出代表扫描进程的界面，如图 5-23 所示。

图 5-23　扫描进程

步骤 5 扫描到坏道的时候计算机会发出"咯滋、咯滋"的声响，但一会儿就会扫描过去。完成之后，会出现一个是否有坏扇区、共有几个坏扇区的提示信息，如图 5-24 所示。

图 5-24 提示信息

当然，也可以对整个物理硬盘进行检测，如图 5-25 所示。

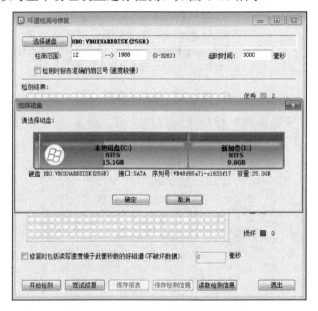

图 5-25 对整个物理硬盘进行检测

5. 低级格式化修复坏道

上述所有办法都不能奏效时，又不甘心硬盘就此报废，可以考虑使用低级格式化处理硬盘故障。但低级格式化会重新进行划分磁道和扇区、标注地址信息、设置交叉因子等操作,需要长时间读写硬盘,每使用一次就会对硬盘造成剧烈磨损,对于已经存在物理坏道的硬盘更是雪上加霜。实践证明,低级格式化将加速存在物理坏道的硬盘报废,而对于逻辑坏道,则根本无须使用低级格式化程序作为修复手段。另外,低级格式化将彻底擦除硬盘中的所有数据,这一过程是不可逆的。因此,低级格式化只能在万不得已的情况下使用,低级格式化后的硬盘要使用 Format 命令进行高级格式化后才能使用。

一、选择题

主引导扇区位于整个硬盘的( )。

A. 0 磁道 0 柱面 0 扇区   B. 0 磁道 0 柱面 1 扇区

C. 0 磁道 1 柱面 1 扇区   D. 1 磁道 1 柱面 1 扇区

二、判断题

1. 一块磁盘可以分 4 个主分区和一个扩展分区。   ( )

2. 在进行了 0 磁道损坏的修复后,就不能再利用 FDISK 来对硬盘进行分区了。

( )

三、问答题

MBR 扇区损坏的原因有哪些?

学习活动 5.2 | 常见硬件故障诊断与处理

1)了解微机运行的工作环境要求,掌握微机启动过程、微机自检铃声的含义。

2)了解硬件故障的概念及分类,理解硬件故障的检测方法。

3)熟练掌握主机部分维护及故障维修、硬盘维护及故障维修。

4)初步掌握输入、输出设备维护及故障维修。

小王是公司的网络管理员,近期他遇到公司的计算机无法正常开机和进入操作系统的问题。

 情景分析

计算机故障潜伏在计算机中，随时会发生。非法操作、硬件老化、设备错误、超频使用、病毒感染……都可能使故障找上门。这时，千万不要惊慌失措，首先要做的就是通过各种方法判断属于哪类故障，并逐渐缩小故障范围，最后找出故障所在。

 相关知识

1. 常见硬件故障的分类

硬件故障是指计算机的某个部件不能正常工作所引起的故障。硬件故障主要包括以下几个方面。

1）电源故障。系统和部件没有供电，或者只有部分供电。

2）元件与芯片故障。器件与芯片失效、松动、接触不良、脱落，或者因温度过热而不能正常工作。

3）跳线与开关故障。系统中各部件及电路板上的跳线连接脱落，错误连接，开关设置错误，构成不正常的系统配置。

4）连线与接插件故障。计算机外部和计算机内部的各部件间的连接电缆或者插头（座）松动甚至脱落，或者错误连接。

5）部件工作故障。计算机中的主要部件，如显示器、键盘、磁盘驱动器、光驱等硬件产生的故障，造成系统工作不正常。

6）系统硬件兼容性故障。这是涉及各硬件和各种计算机芯片能否相互配合，在工作速度、频率、温度等方面能否具有一致性。

2. 维修工具

"工欲善其事，必先利其器"，在维修前应先准备好各种常用的硬件工具和检测软件，否则会因为缺少某个必备的工具导致检测或维修不能继续。准备工作尤为重要，包括维修工具、维护软件的准备，以及切断电源、释放静电、准备替换部件等工作。合理地利用各种工具进行检修，可以迅速地查明和排除计算机故障。

3. 硬件工具

各种规格大小的螺钉旋具、镊子、剪刀、小扳手、25W 长寿电烙铁和吸锡器等。

（1）螺钉旋具

各种尺寸的十字/一字螺钉旋具用来固定配件上的螺钉。建议用户最好采用带有磁性的螺钉旋具，这样可以吸住螺钉，使安装更加方便，另外螺钉落入狭小空间时也容易取出。螺钉旋具如图 5-26 所示。

（2）镊子

镊子的主要作用就是在需要对硬盘或主板跳线时，用镊子可以比较轻松地拔出跳线

帽。镊子如图 5-27 所示。

（3）尖嘴钳

尖嘴钳主要用于插拔一些较小的元件，如跳线帽或主板支撑螺钉等，在维修外部设备时更多地使用它来完成一些拆卸或紧固操作。尖嘴钳如图 5-28 所示。

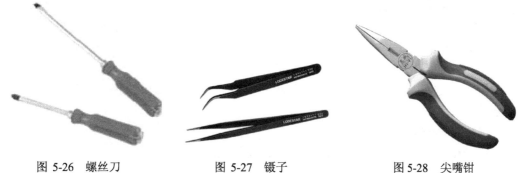

图 5-26　螺丝刀　　　　　　　图 5-27　镊子　　　　　　　图 5-28　尖嘴钳

（4）测量仪器

测量仪器主要有万用表、示波器、逻辑测试笔等。其中，万用表是最常见的，也是最实用的测量仪器之一。万用表是万用电表的简称，是电子制作中必不可少的工具，同时也是专业计算机维修工的帮手。它可以用来测量交流电压和直流电压。有的万用表还可以测量晶体管的主要参数及电容器的电容量等。常见万用表有数字式万用表（图 5-29）和指针式万用表（图 5-30）。数字式万用表的测量值由液晶显示屏直接以数字的形式显示，读取方便，有些还带有语音提示功能。指针式万用表是以表头为核心部件的多功能测量仪表，测量值由表头指针指示读取。对于初学者，建议使用指针式万用表。

图 5-29　数字式万用表　　　　　　　　　　图 5-30　指针式万用表

在排除主板、内存、显示器、电源故障时，经常要用到万用表。以检测内存为例，主板到内存的数据引脚是 64 个，分别为 D0～D63。一般为了保护内存的数据脚，在 D0～D63 都加有一个阻值不大的电阻，起限流作用，阻值一般在 10 Ω 左右。测试的原理是检测内存芯片的每个数据脚、地址脚、时钟脚是否有短路、断路等不良现象。用万用表的二极管挡，红表笔接地，黑表笔测量各排阻的阻值，也就是内存芯片的数据脚的阻值。一般每个脚的阻值相差不大，要是相差很大，肯定是芯片有问题，在仔细检测后更换芯片即可。

再以检查主板是否有短路为例，在加电之前用万用表测量主板是否有短路现象，以免发生意外。判断方法是：测芯片的电源引脚与地之间的电阻。未插入电源插头时，该电阻一般应为 300 Ω，最低也不应低于 100 Ω。再测一下反向电阻，略有差异，但不能相差过大。若正反向阻值很小或接近导通，则说明主板有短路发生。主板短路的原因可能是主板上有损坏的电阻、电容，或者有导电杂物，也可能是主板上有被击穿的芯片。要找出被击穿的芯片，可以加电测量。一般测电源的+5 V 和+12 V。当发现某一电压值偏离标准太远时，可以通过分隔法或割断某些引线，或拔下某些芯片再测电压。当割断某条引线或拔下某块芯片时，若电压变为正常，则这条引线引出的元件或拔下来的芯片就是故障所在。

（5）清洁剂和清洗盘

1）清洁剂。这里所说的清洁剂是指计算机专用的清洁剂，而不是平时家用的普通清洁剂。计算机专用清洁剂多为四氯化碳加活性剂构成，涂抹去污后清洁剂能自动挥发。

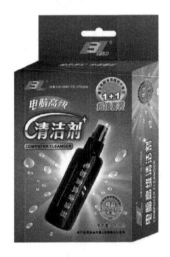

图 5-31　清洁剂

清洁剂如图 5-31 所示，它可以用来清洁键盘、鼠标、显示器、主板、板卡等各种计算机配件。还可以配合清洗盘来对软驱和光驱进行清洁。

购买清洁剂时一要检查其挥发性，当然是挥发越快越好；二要用 PH 试纸检查其酸碱性，要求呈中性，如呈酸性则对板卡有腐蚀作用。

2）清洗盘。清洗盘有光驱清洗盘和软驱清洗盘。

光驱清洗盘又称为 VCD/CD 清洁盘，它的表面有两个直线排列的小毛刷，高度通常为 1～2mm。往这两个小毛刷上点 1～2 滴清洁液，放进计算机光驱中播放光盘，通过小毛刷与激光头的轻微接触，利用清洁液达到清洗激光头而提高播放效果和加强读取数据的目的。

（6）除尘工具

除尘所需要的工具通常有如下几种。

1）皮喷罐如图 5-32 所示，它可以有效清除计算机内部不容易清除到的位置上积累的灰尘。

2）软毛刷如图 5-33 所示，其作用是清理较大面积的灰尘，对板卡特别有效。刷的时候一定注意不要用力过大或动作过猛，以免碰掉主板表面的贴片元件或造成元件的松动以致虚焊。注意清除 CPU 插槽内用于检测 CPU 温度或主板上用于监控机箱内温度的热敏电阻上的灰尘，否则会造成主板对温度的识别错误，从而引发主板保护性故障。

3）计算机专用清洁剂，一般中性清洁剂即可，不要使用含有氯水、漂白剂等成分的清洁剂。

4）棉签，如果没有的话可以把筷子一头削尖，在上面缠绕上棉花或棉线代替棉签。可用脱脂棉球沾计算机专用清洁剂或无水酒精去除插槽内金属接脚的油污。

5）专用吸尘器，清理主板时特别方便。

6）抹布，家里废弃的纯棉衣物即可，但是不要使用人造纤维或其他容易掉绒毛的布料做抹布。抹布的作用是全方位的，用来擦除大面积的积尘。

7）橡皮如图 5-34 所示，需要软胶质的，这样才不会对金手指造成伤害。以内存条为例，内存条的金手指镀金工艺不佳或经常拔插内存，导致内存条在使用过程中因为接触空气而氧化生锈，逐渐与内存插槽接触不良，只需要把内存条取下来，用橡皮把金手指上面的锈斑擦去即可。

图 5-32　皮喷罐

图 5-33　软毛刷

图 5-34　橡皮

如果要清洗软驱、光驱内部，还需要准备镜头拭纸、电吹风、无水酒精（分析纯）、脱脂棉球、钟表起子（一套）、镊子、回形针、钟表油（或缝纫机油）等工具。

（7）故障侦测卡

故障侦测卡也称为 POST 卡（Power On Self Test）或 DEBUG 卡，其利用 BIOS 内容自检程序的检测结果通过代码一一显示出来，结合计算机主板故障侦测卡的代码含义速查表就能很快找到计算机故障所在。尤其在计算机不能引导操作系统、黑屏、喇叭不响时，使用本卡更能体现其便利，使检测工作事半功倍。计算机主板故障侦测卡如图 5-35 所示。

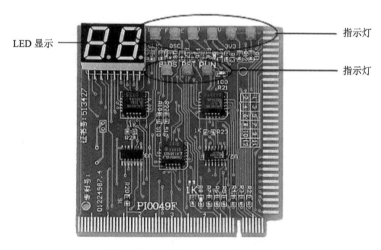
图 5-35　计算机主板故障侦测卡

计算机主板故障侦测卡插在计算机 PCI 插槽上，当开机运行时，在侦测卡上就有十六进制代码显示。如果代码不停地变化，最后停在 FF 上，证明主板无故障；如果代码在某个数据上停下来，证明主板有故障，可根据代码对照查找故障元件。这个代码是 BIOS ROM 中 POST 自检程序的检测结果。代码的值参照主板使用手册，可找到有故障的元件。

（8）常用元件、芯片

如电阻、电容、常用集成电路芯片、熔丝等。

（9）其他辅助工具

在计算机检修过程中，还需要准备一些其他辅助工具，这样会给检查工作带来极大的方便。例如，一些外部设备的数据通信线、电缆、电源等，如果用户有能力，还可以准备显卡、声卡、网卡等，这些都会给计算机故障检修带来方便。

4. 故障检测的注意事项

在维修过程中，首先要按照电气安全规则进行操作，这是维修人员必须掌握的原则，否则会造成严重的后果。

（1）防静电

静电的电压可以达到几万伏，静电是维修过程中的最大杀手。在处理元器件之前，触摸微机外壳的金属末端或其他的金属对象来放掉静电。

（2）不要带电拔插

维修中，往往需要反复重新启动机器，并且需要不断更换部件，一定不要带电进行元器件的拔插。

（3）轻拿轻放

维修中，所有的元器件都要轻拿轻放。因为元器件都经不起摔打，即使认为已经损坏的元器件，也要轻拿轻放，以避免不必要的损失。

5. 硬件故障检测原则

（1）先调查后熟悉的原则

无论是对自己的计算机还是别人的计算机进行维修，首先要弄清故障发生时计算机的使用状况及以前的维修状况，才能对症下药。此外，在对计算机进行维修前还应了解其软/硬件配置及已使用年限等，做到有的放矢。

（2）先清洁后检修的原则

在检查机箱内部配件时，应先着重检查机内是否清洁，如果发现机内各元件、引线、走线及金手指之间有尘土、污物、蛛网或多余焊锡、焊油等，应先加以清除再进行检修。这样既可减少自然故障，又可取得事半功倍的效果。实践表明，许多故障都是由于脏污引起的，一经清洁故障往往会自动消失。

（3）先外部设备后主机内部设备的原则

要遵循先外部设备，再主机，从大到小，逐步查找的原则找出故障点，同时应根据给出的错误提示进行检修。要仔细确定故障发生的大体部件，如打印机、键盘、鼠标等，并查看电源的连接、信号线的连接是否正确，因为很多故障都是这些原因引起的，接着再排除其他故障，最后到主机，直至把故障原因确定到局部设备上，然后进行故障处理。

（4）先电源后部件的原则

电源是否正常工作是决定故障是否是全局性故障的关键，因此，首先要检查电源部分，如熔丝、工作电压等，然后再检查各负载部件。根据经验，电源部分的故障占的比例最高，许多故障往往就是由电源引起的，所以先检修电源常能收到事半功倍的效果。

（5）先一般后特殊的原则

在分析一个故障时，首先要尽量考虑引起故障的一般情况，也就是最可能引起故障的原因。例如，扫描仪不正常工作了，首先检查一下电源接线是不是松动，或者换一根数据传送线，或许问题就迎刃而解。如果不行，再考虑一些特殊的故障原因。

（6）先公用后专用的原则

公用性故障可能影响许多部件，而局部性故障只影响一部分部件，因此，如果总线部分发生了故障，应该先解决再去排除其他局部性故障。

6. 硬件故障的检测方法

（1）诊断程序检测法

程序测试法的原理是用软件发送数据、命令，通过读线路状态及某个芯片（如寄存器）状态来识别故障部位。此方法往往用于检查各种接口电路故障及具有地址参数的各种电路。但此方法的应用前提是 CPU 及总线基本运行正常，能够运行有关诊断软件，能够运行安装在 I/O 总线插槽上的诊断卡等。编写的诊断程序应严格、全面、有针对性，能够让某些关键部位出现有规律的信号，能够对偶发故障进行反复测试及能显示记录出错情况。

（2）人工检测法

人工检测法是指人工通过具体的方法和手段进行检查，最后综合分析判断故障部位的方法。

1）原理分析法。按照微型计算机的基本工作原理，根据计算机启动过程中的时序关系，结合有关的提示信息，从逻辑上分析和观察各个步骤应具有的特征，进而找出故障的原因和故障点。

2）直接观察法。

①"看"即观察系统板卡的插头、插座是否歪斜，电阻、电容引脚是否相碰，表面是否烧焦，芯片表面是否开裂，主板上的铜箔是否烧断。

②"听"即监听电源风扇、软/硬盘电机或寻道机构、显示器变压器等设备的工作声音是否正常。

③"闻"即辨闻主机、板卡中是否有烧焦的气味，便于发现故障和确定短路所在处。

④"摸"即用手按压管座的活动芯片，查看芯片是否松动或接触不良。

3）拔插法。这是通过将插件或者芯片"拔出"或"插入"来寻找故障原因的方法。此方法简单而且有效，适合检测一般硬件时使用。例如，计算机在出现"死机"或者某个部件失效等很难确定原因的故障时，从理论上分析很难，但是采用拔插法能迅速地找到故障的原因。

拔插法介绍：拔出插件，每拔一块测试一次电脑状态，当拔下一块插件后计算机恢复正常，那么证明故障出现在刚才拔下的插件上，否则就继续依次拔下插件，直到查找到故障的原因。另外，有些芯片、插件和扩展槽之间可能接触不良，使用拔插法可以解决因为接触不良而使计算机不能正常运行的故障。

拔插法不仅适用于计算机故障的排除，还可用于大规模集成电路芯片的检修。

4）替换法。替换法是用好的部件去代替可能有故障的部件，用以锁定故障原因的一种简便维修方法。好的部件可以是同型号的，也可能是不同型号的。替换的顺序一般如下。

① 根据故障的现象或故障类别来考虑需要进行替换的部件或设备。

② 按先简单后复杂的顺序进行替换。如先内存、CPU，后主板；又如要判断打印故障时，可先考虑打印驱动是否有问题，再考虑打印电缆是否有故障，最后考虑打印机或并口是否有故障等。

③ 最先考查与怀疑有故障的部件相连接的连接线、信号线等，之后是替换怀疑有故障的部件，然后是替换供电部件，最后是与之相关的其他部件。

④ 从部件的故障率高低来考虑最先替换的部件，故障率高的部件先进行替换。

5）比较法。比较法与替换法类似，即用好的部件与怀疑有故障的部件进行外观、配置、运行现象等方面的比较，也可在两台计算机间进行比较，以判断故障计算机在环境设置、硬件配置方面的不同，从而找出故障部位。

6）最小系统法。最小系统是指从维修判断的角度能使计算机开机或运行的最基本的硬件和软件环境。最小系统有两种形式。

① 硬件最小系统：由电源、主板和 CPU 组成。在这个系统中，没有任何信号线的连接，只有电源到主板的电源连接。在判断过程中是通过声音来判断这一核心组成部分是否可正常工作。

② 软件最小系统：由电源、主板、CPU、内存、显卡/显示器、键盘和硬盘组成。这个最小系统主要用来判断系统是否可完成正常的启动与运行。

对于软件最小环境，针对"软件"有以下几点要说明：

a. 硬盘中的软件环境保留着原先的软件环境，只是在分析判断时根据需要进行隔离（如卸载、屏蔽等）。保留原有的软件环境，主要是用来分析判断应用软件方面的问题。

b. 硬盘中的软件环境只有一个基本的操作系统环境（可能是卸载所有应用程序，或是重新安装一个干净的操作系统），然后根据分析判断的需要加载需要的应用程序。需要使用一个干净的操作系统环境来判断系统问题，软件冲突或软、硬件间的冲突问题。

c. 在软件最小系统下，可根据需要添加或更改适当的硬件。例如，在判断启动故障时，由于硬盘不能启动，想检查一下能否从其他驱动器启动，这时可在软件最小系统下加入一个软驱或干脆用软驱替换硬盘来检查。又如，在判断音视频方面的故障时，需要在软件最小系统中加入声卡；在判断网络问题时，应在软件最小系统中加入网卡等。

最小系统法是要先判断在最基本的软、硬件环境中系统是否可正常工作，如果不能正常工作，即可判定最基本的软、硬件部件有故障，从而起到故障隔离的作用。

最小系统法与逐步添加法结合，能较快地定位发生在其他软件的故障，提高维修效率。

7）升温降温法。有时，计算机在工作时间较长或者环境温度变化时会出现一些故障，但是关机冷却后再开机检查时却很正常，这时候就需要用到升降温方法。升温法就是人为地将环境温度升高，加速高温参数较差的元件"发病"，从而找到故障的原因。"降温法"就是对可疑部件逐一蘸酒精降温。如果部件被降温后故障消失，则证明该部件热稳定性差，需要更换。降温的方法如下。

① 一般选择环境温度较低的时段，如清晨或晚上的时间。

② 使计算机停机 12～24h。

③ 用电风扇对着故障机吹风，加快降温速度。

实际上，升温降温法采用了故障触发原理，也就是用形成故障的条件促使故障频繁发生，从而找出故障的根源。这种方法在确定了故障的大体范围后，使用起来简单、方便、易行。

8）清洁法。对于机房使用环境较差或使用较长时间的计算机，应首先进行清洁。可用毛刷轻轻刷去主板、外部设备上的灰尘。

1. 计算机常见故障处理流程

计算机常见故障处理流程图如图 5-36 所示。

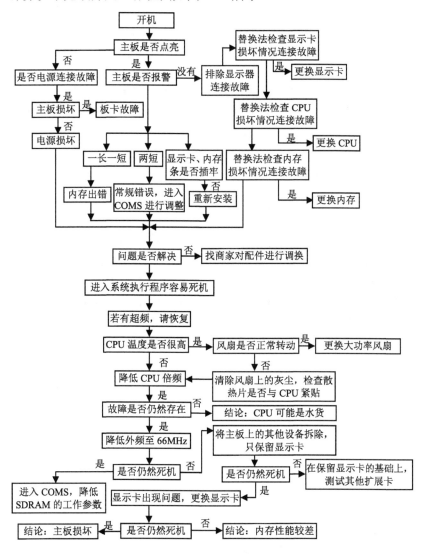

图 5-36 计算机常见故障处理流程

2. 计算机硬件故障处理步骤

对计算机故障进行排除，应遵循如下步骤。

步骤 1 了解情况。即在排除前与用户沟通，了解故障发生前后的情况，进行初步判断。如果能了解到故障发生前后尽可能详细的情况，将提高现场维修效率及判断的准确性。

向用户了解情况，应借助上节中相关的分析判断方法，与用户交流。这样不仅能初步判断故障部位，也对准备相应的维修工具有帮助。

步骤 2 复现故障。即在与用户充分沟通的情况下确认用户所报修故障现象是否存在，并对所见现象进行初步的判断，确定下一步的操作，以及是否还有其他故障存在。

步骤 3 判断、维修。即对所见的故障现象进行判断、定位，找出产生故障的原因，并进行修复的过程。

在维修过程中，需要注意以下事项。

1）在进行故障现象复现、维修判断的过程中，应避免故障范围扩大。

2）必须充分地与用户沟通，了解用户的操作过程、出故障前所进行过的操作、用户使用计算机的水平等。

3）维修中首先要注意的就是观察——观察、观察、再观察！

4）在维修前，如果灰尘较多，或怀疑是灰尘引起的故障，应先除尘。

5）对于自己不熟悉的应用程序或设备，应在认真阅读用户使用手册或其他相关文档后才可动手操作。

6）在进行维修判断的过程中，如有可能影响到用户所存储的数据，一定要在做好备份或保护措施并征得用户同意后，才可继续进行。

7）当出现大批量的相似故障（不仅是可能判断为批量的故障）时，一定要对周围环境、连接设备以及与故障部件相关的其他部件或设备进行认真的检查和记录，以找出引起故障的根本原因。

8）随机性故障的处理思路。随机性故障是指随机性死机、随机性报错、随机性出现不稳定现象。对于这类故障的处理思路如下。

① 慎换硬件，一定要在充分的软件调试和观察后，在一定的分析基础上进行硬件更换。

② 以软件调整为主。调整的内容如下。

a. 设置 BIOS 为出厂状态（注意 BIOS 开关位置）。

b. 查杀病毒。

c. 调整电源管理。

d. 调整系统运行环境。

e. 必要时做磁盘整理，包括磁盘碎片整理、无用文件的清理及介质检查（注意：应在检查磁盘分区正常及分区中剩余空间足够的情况下进行）。

f. 确认有无用户自加装的软硬件，如果有，确认其性能的完好性和兼容性。

3. 典型故障现象及其分析与处理

（1）CPU 典型故障

1）故障现象：一台计算机在运行时 CPU 温度上升很快，开机才几分钟温度就由 31℃ 上升到 51℃，到了 53℃ 就稳定下来了，不再上升。

故障分析与处理：一般情况下，CPU 表面温度不能超过 50℃，否则会出现电子迁移现象，从而缩短 CPU 寿命。对于 CPU 来说，53℃ 显然太高了，长时间使用易造成系统不稳定和硬件损坏。根据现象分析，升温太快，稳定温度太高应该是 CPU 风扇的问题，只需更换一个质量较好的 CPU 风扇即可。

2）故障现象：一台计算机开机后在内存自检通过后便死机。

故障分析与处理：按 Delete 键进入 BIOS 设置，仔细检查各项设置均无问题，然后读取预设的 BIOS 参数，重启后死机现象依然存在。用替换法检测硬盘和各种板卡，结果所有硬件都正常。估计问题可能出在主板和 CPU 上，将 CPU 的工作频率降低一点后再次启动计算机，一切正常。

3）故障现象：一台计算机将 CPU 超频后，开机出现显示器黑屏现象。

故障分析与处理：这种故障应该是典型的超频引起的故障。由于 CPU 频率设置太高，造成 CPU 无法正常工作，并造成显示器点不亮且无法进入 BIOS 中进行设置。这种情况需要将 CMOS 电池放电，并重新设置后即可正常使用。还有种情况就是开机自检正常，但无法进入操作系统，在进入操作系统时死机，这种情况只需复位启动并进入 BIOS 将 CPU 改回原来的频率即可。

（2）主板典型故障

1）故障现象：计算机频繁死机，在进行 CMOS 设置时也会出现死机现象。

故障分析与处理：一般是主板散热设计不良或者主板 Cache 有问题引起的。如果因主板散热不够好而导致该故障，可以在死机后触摸 CPU 周围主板元件，你会发现其温度非常烫手，在更换大功率风扇之后，死机故障即可解决。如果是 Cache 有问题造成的，可以进入 CMOS 设置程序，将 Cache 禁止后即可。当然，Cache 禁止后，机器速度肯定会受到影响。如果按上述方法仍不能解决故障，那就是主板或 CPU 有问题，只有更换主板或 CPU 了。

2）故障现象：在安装 Windows 2000 时，提示 ACPI 有问题，请升级 BIOS。

故障分析与处理：这种现象很可能是主板的 ACPI 功能与 Windows 2000 不兼容导致的。ACPI 功能必须由计算机主板 BIOS 和操作系统同时支持才能正常工作，可通过升级 BIOS 来解决，也可以暂时将 BIOS 设置程序中的"ACPI Function"项设置为"Disable"。

（3）内存典型故障

1）故障现象：开机无显示。

故障分析与处理：故障分析与处理：一般是因为内存条与主板插槽之间接触不良造成的，只要用橡皮擦来回擦拭其金手指部位即可解决问题（不可用酒精等清洗），也有可能是内存条损坏或主板内存插槽有问题，则需更换内存条或维修主板。

2）故障现象：在计算机正常工作时，显示"内存出错"或"内存不足"的错误信息提示。

故障分析与处理：造成这一现象可能的原因有：同时打开的应用程序过多；打开的应用程序非法访问内存；活动窗口打开的过多；应用软件相关的配置文件不合理；计算机感染病毒。可以考虑重启计算机、杀毒和升级内存等方式来解决。

（4）显卡典型故障

1）故障现象：显卡接触不良导致计算机不能正常启动。

故障分析与处理：这种情况大多数在开机时有报警音提示。可以打开机箱重新插拔显卡、清除灰尘、用橡皮擦擦除"金手指"部位的金属氧化物。

2）故障现象：刚刚升级的显卡在运行大型的 3D 游戏的时候经常出现黑屏的问题。

故障分析与处理：可能是主机电源和主板供电不足造成的，可以在 CMOS 设置中关闭 AGP 加速功能，让显卡作为一块普通的没有 AGP 加速功能的显卡来用，或者调节 AGP 电压，通过提高 AGP 电压来满足显卡比较高的供电需求。一般来说，将 AGP 电压提高 0.1～0.2V，不会对硬件造成什么伤害，但是 AGP 的供电却比原来稳定许多。

3）故障现象：刷新 BIOS 后，经常出现黑屏、游戏中自动退出或者屏幕上出现有规律的条纹。

故障分析与处理：刷回原来的显卡 BIOS 文件就可以了。除非真的需要通过刷新显卡的 BIOS 文件来解决兼容性问题，否则，应尽量让显卡使用原来的 BIOS，对于主流的显卡，刷新 BIOS 文件不会有性能上的提升。

（5）硬盘典型故障

1）故障现象：Non-System disk or disk error，Replace disk and press a key to reboot（非系统盘或盘出错）。

故障分析与处理：出现这种信息的原因之一是 CMOS 参数丢失或硬盘类型设置错误造成的。只要进入 CMOS 重新设置硬盘的正确参数即可。另外就是系统引导程序未装或被破坏。重新传递引导文件并安装系统程序即可。

2）故障现象：Invalid Partition Table（无效分区表）。

故障分析与处理：造成该故障的原因一般是硬盘主引导记录中的分区表有错误，当指定了多个自举分区（只能有一个自举分区）或病毒占用了分区表时，将有上述提示。最简单的解决方法是用硬盘维护工具来修复，例如，用 NU8.0NDD 修复，它将检查分区表中的错误，若发现错误，将会询问是否愿意修改，只要不断地回答"YES"即可修正错误，或者用备份过的分区表覆盖它。如果是由于病毒感染了分区表，即使是高级格式化也解决不了问题，可先用杀毒软件杀毒，再用硬盘维护工具进行修复。

3）故障现象：Error Loading Operating System（装入 DOS 引导记录错误）、Missing Operating System（DOS 引导记录损坏）。

故障分析与处理：造成该故障的原因一般是 DOS 引导记录出现错误。DOS 引导记录位于逻辑 0 扇区，是由高级格式化命令 FORMAT 生成的。主引导程序在检查分区表正确之后，根据分区表中指出的 DOS 分区的起始地址，读 DOS 引导记录，若连续 5 次都失败，则给出"Error Loading Operating System"的错误提示；若能正确读出 DOS 引导记录，主引导程序则会将 DOS 引导记录送入内存 0:7c00h 处，然后检查 DOS 引导记录的最后 2 字节是否为"55AA"，若不是这 2 字节，则给出"Missing Operating System"

的提示。一般情况下可以用硬盘修复工具（如 NDD）修复，若不成功只好用 FORMATC:/S 命令重写 DOS 引导记录。

（6）光驱典型故障

1）故障现象：光驱使用一段时间后读盘性能变差。

故障分析与处理：光驱通常在使用 3 个月后，纠错能力明显下降，可以用棉签蘸酒精清洗激光头或者调节激光头功率来增强读盘性能。

2）故障现象：光驱仓盒能够正常地进出，但光盘放进后没有任何动作。

故障分析与处理：光盘放进后的动作有光头寻道的上下动作，光盘伺服电动机转动的声音。这里没有任何动作就是没有上述两种动作的一点声音。如果属于上述情况，一般是光驱的 12V 电压正常，但是 5V 电压没有加上，一般是电源接口处的保险电阻损坏。对于这类故障，可以直接用导线把损坏的保险电阻短接即可。

3）故障现象：光驱出仓不易或不出仓。

故障分析与处理：可能是出仓皮带老化，这种故障常见于使用一年以上的光驱，因为皮带老化，自身形变过长，造成传动力量不够，不能顺利完成出仓动作。可到电子市场购买录音机的皮带，略小 3～5mm 换上就行。也可能是其他异物卡在托盘的齿缝里，造成托盘无法正常出仓，这种情况一般见于 52X 的光驱，因为光驱运行速度高，如果光盘的质量不好或表面贴有不干胶标签，则容易炸盘。有的光驱炸盘后没有造成大的损坏，光驱还可以正常使用，但是因为内部的光盘颗粒没有清除干净，有的小颗粒正好附在托盘齿缝里的润滑硅脂里，就造成不能出盒到位。解决方法是取下托盘，仔细把附在齿缝的光盘小颗粒取出就行。

（7）显示器典型故障

1）故障现象：显示器屏幕右下角是粉红色。

故障分析与处理：可能是显示器被磁化了，可以检查显示器前面板是否有消磁按钮，按下消磁按钮后整个屏幕会晃动一下，异常颜色就会消失，如果没有消磁按钮，重新打开显示器也可以实现消磁，只不过过程比较缓慢。需要注意的是，应将带有强磁场的设备搬到离显示器较远的地方。

2）故障现象：显示器先清楚后模糊。

故障分析与处理：这种现象主要是聚焦电路的问题，也有可能是散热不好造成的。在散热不良的情况下，由于行管太热，造成输出功率损耗，接着影响到高压的输出和级电压输出不够，从而影响聚焦电路的正常工作。可以打开显示器的后盖，里面有一个可以调整高压的旋钮，但是这种方案只是在短期内有效，长时间让显示器在调整高压的情况下工作会加快显示器的老化，时间长了仍会产生聚焦不良的情况。

3）故障现象：刚开机时显示器的画面抖动很厉害，但过一会之后自动恢复正常。

故障分析与处理：这种现象多发生在潮湿的天气，是显示器内部受潮的缘故。可将防潮砂用棉线串起来，然后打开显示器的后盖，将防潮砂挂于显像管靠近管座附近。这样，即使是在潮湿的天气里，也不会再出现以上的现象。

（8）键盘典型故障

1）故障现象：开机之后出现黑屏。

故障分析与处理：对于某些计算机，键盘和鼠标接口插反，会造成开机后黑屏。因为在目前的计算机主板上，两者的接口都是 PS/2 接口，如果接反了，开机就可能出现黑屏，但不会烧坏设备。将主板平放，即鼠标接口在上，键盘接口在下。如果键盘与鼠标同在一行，就更要注意正确连接了。解决的方法很简单，在关机后，只需将键盘与鼠标接口调换。

2）故障现象：某些按键无法键入。

故障分析与处理：当敲击某些按键而不能正常工作时，通常需要清洗键盘的内部，这是一种常见的故障，由于按键经常被使用，所以比较容易出现问题。可能是由于键盘太脏，或者按键的弹簧失去弹性，所以需要保持键盘清洁。解决的方法是，关机后拔下键盘接口，将键盘翻转后打开底盘，用棉球沾无水酒精擦洗按键下与键帽相接的部分。

3）故障现象：某些按键按下后不再弹起。

故障分析与处理：经常使用的按键有时按下后不能回弹，除了因为使用次数过多，还可能是因为用力过大或每次按下时间过长，造成按键下的弹簧弹性功能减退，无法托起按键。解决方法与上一种情况类似：关机后，打开键盘底盘，找到相应按键的弹簧，如果已经老化磨损无法修护，就必须更换新的弹簧；如果不太严重，可以先清洗一下，在摆正位置后，涂少许润滑油脂，改善弹性。

（9）鼠标典型故障

1）故障现象：光标不动或时好时坏。

故障分析与处理：主要是因为鼠标线断开或断裂造成，经常发生在插头或鼠标连接线的弯头处。这样的故障只要不是断在 PS/2 口插头处就不难处理，只需用相应工具剪断后重新焊接即可。

2）故障现象：光标移动正常，但按键不工作。

故障分析与处理：可脱焊、拆开微动开关，仔细清洁触点，添加润滑油脂，归位后便可修复。杂牌劣质鼠标的按键失灵多为簧片断裂，因为有些是塑料簧片，处理方法只能进行更换。

3）故障现象：x、y 轴失灵。

故障分析与处理：遇到这种情况时，需要打开鼠标外壳进行检查，检查有无明显的断线或元件虚焊现象。有的鼠标在打开外壳后故障会自动消除，大多数原因是发光二极管与光敏晶体管的距离太远，可以用手将收发对管捏紧一些，便可排除故障。最好不要在带电状态下拆卸鼠标，以防静电或误操作损害计算机接口。

（10）电源典型故障

1）故障现象：新买的微型计算机没过几天就发现不能用手摸机箱靠近电源的部位，一摸机器就重新启动。

故障分析与处理：此故障是典型的电源的抗静电干扰能力太差所致，应更换电源。

2）故障现象：在装机过程中（使用 ATX 式电源），如果连接全部负载（硬盘、光驱），开机后系统没有任何反映，无法启动；如果去掉软驱等负载，系统便能够正常启动。

故障分析与处理：该例是典型的电源功率不足，更换电源后故障排除。电源功率不足也可能表现为无法识别硬盘和光驱无法使用；光驱读盘能力严重下降等现象。

　思考与练习

一、选择题

1. 开机后，一般情况下按（　　）键即可进入 BIOS 设置。
　　A．Shift　　　　　　B．Ctrl　　　　　　C．Del　　　　　　D．Alt
2. 计算机硬件系统是由（　　）、主板、存储器、输入和输出设备等部件构成。
　　A．硬盘　　　　　　B．软盘　　　　　　C．键盘　　　　　　D．中央处理器
3. 有一 CPU 型号为 Pentium4 2.4GHz，其中 2.4GHz 指的是 CPU 的（　　）。
　　A．主频　　　　　　B．倍频　　　　　　C．外频　　　　　　D．前端频率
4. 目前所使用的计算机是（　　）。
　　A．模拟计算机　　　B．数字计算机　　　C．混合计算机　　　D．特殊计算机
5. 内存的大部分是由 RAM 组成的，其中存储的数据在断电后（　　）丢失。
　　A．不会　　　　　　B．部分　　　　　　C．完全　　　　　　D．不一定

二、问答题

1. 常见的 CPU 故障有哪些？
2. 计算机系统故障诊断的基本方法有哪些？

学习活动 5.3 ‖ 常见软件故障诊断与处理

　活动目标

1）了解计算机故障成因。
2）掌握故障维修的基本原则。
3）掌握故障检测的一般步骤。
4）掌握 CMOS 故障诊断与处理。
5）掌握 IE 故障诊断与处理。
6）掌握开机故障诊断与处理。

　情景引入

　　小王是公司的网络管理员，近期他遇到公司的计算机出现丢失文件、文件版本不匹配、内存冲突、内存耗尽等情况。

为了避免以上情况的出现，我们可以仔细研究一下每种情况发生的原因，以及怎样检测和避免。

1. 常见软件故障分类

（1）系统故障

操作系统是计算机必须安装的综合性管理软件，统一管理软件的安装和运行，驱动硬件正常使用。如果操作系统出现故障，可能会导致各种软件、硬件运行失常。

这类故障主要是指在安装或应用操作系统时所发生的应用方面及系统方面的故障。

1）启动、关闭操作系统故障。启动过程中死机、报错、黑屏、反复重新启动；登录时失败、报错或死机；关闭操作系统时死机或报错。

2）安装操作系统故障。在进行文件复制过程中或在进行系统配置时死机或报错。

3）系统运行故障。由于误操作、病毒等原因造成的系统运行中出现蓝屏、死机、非法操作、系统运行速度慢等现象。

4）应用程序故障。应用程序无法正常使用，游戏无法正常运行；安装或卸载应用程序时报错、重新启动、死机等。

（2）软件故障

软件与系统不兼容引起的故障。软件的版本与运行的环境配置不兼容，造成不能运行、系统死机、某些文件被改动和丢失等。

1）软件相互冲突产生的故障。两种或多种软件和程序的运行环境、存取区域、工作地址等发生冲突，造成系统工作混乱，文件丢失等故障。

2）误操作引起的故障。误操作分为命令误操作和软件程序运行误操作两种。执行了不该使用的命令，选择了不该使用的操作，运行了某些具有破坏性的程序、不正确或不兼容的诊断程序、磁盘操作程序、性能测试程序等而使文件丢失、磁盘格式化等。

3）计算机病毒引起的故障。计算机病毒将会极大地干扰和影响计算机的使用，使计算机存储的数据和信息遭受破坏，甚至全部丢失，并且会传染其他的计算机。大多数计算机病毒可以隐藏起来像定时炸弹一样待机发作。

4）不正确的系统配置引起的故障。系统配置分为 3 种类型，即系统启动基本 CMOS 芯片配置、系统引导过程配置和系统命令配置，如果这些配置的参数和设置不正确，或者没有设置，计算机也可能会不工作或产生操作故障。

计算机的软件故障一般可以恢复，不过在某些情况下有的软件故障也可能转化为硬件故障。

（3）网络故障

这类故障主要涉及局域网、宽带网等网络环境中的故障。

1）网络设备故障。网卡不工作，指示灯状态不正确；交换机等网络设备安装异常，驱动程序不匹配；网线的连通性差。

2）网络设置故障。网络协议设置错误、网络时通时不通、数据传输错误、网络应用出错或死机等。

3）宽带连接故障。不能拨号、无拨号音、拨号有杂音、上网掉线；上网速度慢、个别网页不能浏览；上网时死机、蓝屏报错；与调制解调器相连的其他通信设备损坏等。

2.　准备维护软件

软件是计算机中必不可少的组成部分，排除计算机故障也离不开一些适当软件，下面介绍几种在计算机故障检修前必备的工具。

（1）计算机的诊断、维护盘

在诊断计算机故障时，可借助一些诊断工具和软件，最好备有各种系统和机型的随机诊断盘。现介绍以下几种。

1）NORTON 和计算机 TOOLS 工具软件包：NORTON 和计算机 TOOLS 都是功能强大的工具软件包，包含了许多检修和维护计算机的实用工具。

2）不同版本的 DOS 和 Windows 启动盘：不同的操作系统功能有所不同，并且启动时所需的引导文件也有很大的区别，一般表现在 COMMAND.COM 文件不同。有些用户在检修计算机时直接将别人计算机上的 COMMAND.COM 文件复制到自己的计算机上，这样可能会出现由于版本不同而使电脑不能正常工作的情况。这时就必须准备好适合自己计算机操作系统的启动盘，以便在维修和检测时使计算机能够顺利地启动，甚至修复系统文件。

（2）病毒检查、清理磁盘

在计算机故障中，有很多是由于计算机中的系统文件或者数据感染上病毒所引起的，因此，检查和排除病毒也是计算机检修的一个重要步骤。为了更好地检修计算机，准备几种优秀查毒软件是十分必要的。目前国内使用最广泛的反病毒软件有金山毒霸、瑞星杀毒软件、卡巴斯基杀毒软件、360 杀毒软件等，用户可以根据自己的需要进行选择。

（3）硬盘分区、低级格式化工具

在计算机安装系统之前，为了更换或扩充系统硬盘，或者由于硬盘无法引导，经常需要对硬盘进行低级格式化和分区。最常见的就是有些计算机的 BIOS 里提供了硬盘低级格式化程序（这种程序现在大多数主板都不集成了），另外还有许多硬盘低级格式化的工具软件，如用 DM 和 ADM 对 SEAGATE 公司的硬盘进行低级格式化。

3.　软件故障检测原则

（1）先软件后硬件的原则

先软件后硬件原则是指当计算机发生故障时，应该先从软件和操作系统上来分析，排除软件方面的原因后，再开始检查硬件的故障。一定不要一开始就盲目地拆卸硬件，避免做无用功。

首先，用手中的检测软件或工具软件（如 NORTON、计算机 TOOLS 等）对操作系统及其软件进行检测，找出故障原因，然后再从硬件上动手检修，排除硬件故障，这是计算机急救的基本原则。

（2）先简单后复杂的原则

在排除故障时，要先排除那些简单而容易的故障，然后再排除那些困难的故障。因为在排除简单故障的同时或许也影响到将要解决的困难故障，使困难故障变简单。另外，在排除简单故障中得到的启示也会对排除困难故障起到很大的帮助。

（3）先主后次的原则

在发现故障现象时，有时可能会看到一台故障机不止有一个故障现象，而是有两个或两个以上的故障现象（如启动过程中无显，但机器也在启动，同时启动后有死机的现象等）。此时，应该先判断、维修主要的故障现象，修复后再维修次要故障现象，有时可能次要故障现象已不需要维修了。

4. 操作系统常见故障解决方法

（1）计算机以正常模式在 Windows 启动时出现一般保护错误

出现此类故障的原因一般有以下几点。

1）内存条原因。倘若是内存原因，我们可以改变 CAS 延迟时间看能否解决问题，倘若内存条是工作在非 66MHz 外频下，例如，75MHz、83MHz、100MHz 甚至以上的频率，则可以通过降低外频或内存频率试一下，如若不行，只有将其更换。

2）磁盘出现坏道。倘若由于磁盘出现坏道引起，则可以用安全模式引导系统，再用磁盘扫描程序修复硬盘错误，看能否解决问题。硬盘出现坏道后，如不及时予以修复，则可能导致坏道逐渐增多或硬盘彻底损坏，因此，应尽早予以修复。

3）Windows 系统损坏。对此唯有重装系统方可解决。

4）在 CMOS 设置内开启了防病毒功能。此类故障一般在系统安装时出现，在系统安装好后开启此功能一般不会出现问题。

（2）计算机经常出现随机性死机现象

死机故障比较常见，但因其涉及面广，因而维修比较麻烦，现在将逐步予以详解。

1）病毒原因造成计算机频繁死机。由于病毒原因造成计算机频繁的现象比较常见，当计算机感染病毒后，主要表现在以下几个方面。

① 系统启动时间延长。

② 系统启动时自动启动一些不必要的程序。

③ 无故死机。

④ 屏幕上出现一些乱码。

其表现形式层出不穷，由于篇幅原因就不一一介绍，在此需要一并提出的是，倘若因为病毒损坏了一些系统文件，导致系统工作不稳定，则可以在安全模式下用系统文件检查器对系统文件予以修复。

2）由于某些元件热稳定性不良造成此类故障（具体表现在 CPU、电源、内存条、主板）。

对此，可以让计算机运行一段时间，待其死机后，再用手触摸以上各部件，倘若温度太高则说明该部件可能存在问题，可用替换法来诊断。值得注意的是：在安装 CPU

风扇时，最好能涂一些散热硅脂，但在某些组装的计算机上却很难见其踪影，实践证明，硅脂能降温 5～10℃，特别是 Pentium Ⅲ 的计算机上，倘若不涂散热硅脂，计算机根本就不能正常工作。举例说明：磐英 815EP 主板、Pentium Ⅲ 733CPU、133 外频的 128MB 内存条，当组装完后，频繁死机，连 Windows 系统都不能正常安装，但在更换赛扬 533 的 CPU 后，故障排除，怀疑主板或 CPU 有问题，但更换同型号的主板、CPU 后该故障也不能解决。后来由于发现其温度太高，在 CPU 上涂了一些散热硅脂，故障完全解决。实践证明，在赛扬 533 以上的 CPU 上必须要涂散热硅脂，否则极有可能引起死机故障。

3）由于各部件接触不良导致计算机频繁死机。此类现象比较常见，特别是在购买一段时间的计算机上。由于各部件大多是靠金手指与主板接触，经过一段时间后其金手指部位会出现氧化现象，在拔下各卡后会发现金手指部位已经泛黄，此时，可用橡皮擦来回擦拭其泛黄处予以清洁。

4）由于硬件之间不兼容造成计算机频繁死机。此类现象常见于显卡与其他部件不兼容或内存条与主板不兼容，如 SIS 的显卡。当然其他设备也有可能发生不兼容现象，对此可以将其他不必要的设备（如 Modem、声卡等设备）拆下后予以判断。

5）软件冲突或损坏引起死机。此类故障一般都会发生在同一点，对此可将该软件卸掉予以解决。

（3）计算机在 Windows 启动系统时出现*.Vxd 或其他文件未找到，按任意键继续的故障

此类故障一般是由于用户在卸载软件时未删除彻底或安装硬件时驱动程序安装不正确造成，对此可以进入注册表管理程序，利用其查找功能将提示未找到的文件，从注册表中删除后即可予以解决。

（4）在 Windows 以正常模式引导到登录对话框时，单击"取消"按钮或"确定"按钮后桌面无任何图标，不能进行任何操作

此类故障一般是由于用户操作不当造成系统损坏。解决方法如下：首先，以安全模式引导系统进入控制面板，进入"密码"选项，将"用户配置文件"设为"此桌面用户使用相同的桌面及首选项"，再进入"网络"，将"拨号网络适配器"以外的各项删除，使其登录方式为 Windows 登录，重新启动计算机，即可解决。

（5）在 Windows 下关闭计算机时计算机重新启动

产生此类故障一般是由于用户在不经意或利用一些设置系统的软件时，使用了 Windows 系统的快速关机功能，从而引发该故障。解决方法如下：选择"开始"|"运行"|"msconfig"命令，再在"系统配置实用程序"面板中选择"高级"选项卡，将其中"禁用快速关机"选项选中，重新启动计算机即可予以解决。

（6）Windows 中汉字丢失

在计算机中安装了 Windows 后又安装了其他软件，整理硬盘碎片时，系统提示"硬盘碎片含有错误"。用 SCANDISK 修复后，碎片整理便不能用了，再进入 Windows 附件中时，发现其中汉字不见了。经检查没有病毒，再查看 SCANDIDSK.LOG 文件，提示"文件夹 C：\Windows 已被损坏……"。

根据上述故障现象，中文 Windows 发生汉字乱码，大多是因注册表中有关汉字显示的内容丢失造成的。此时，打开注册表编辑器（Windows\REGEDIT.EXE），再打开

"Associated Default Fonts"及"Associated Char Set"这两行关键字，若有，再分别打开这两行关键字即可看到其中内容。当只有"默认"一行而无其他内容，表明无法定义有关汉字显示，为汉字乱码的原因。

可采用手工方法进行修复。

1）单击"开始"，选择"运行"选项。

2）在"运行"文本框中输入"regedit"，单击"确定"按钮，打开注册表编辑器。

3）展开"我的电脑\HKEY—LWCAL—MACHINE\System\current Control Set\Control Fontassoc"查看底下有无"Aossiated Char Set 文件夹图标，在窗口的右栏中将增加以下内容：

ANSI（00）"Yes"

GB2312（86）"Yes"

WEM（FF）"Yes"

SYMBOL（02）"on"

增加方法：在"编辑""\新建"菜单中单击"串值"按钮，再在右栏中出现的文字框中键入"ANSI（00）"，之后双击该文字框，在出现的对话框中键入"Yes"，单击"确定"按钮，其余增加的内容依此类推。

4）按照上述方法单击 Associated Default Fonts 文件图标，其窗口的右栏中将增加以下内容：

Assoc System Font"Simsun、ttf"

Font Package Decorative"宋体"

Font Package Dont Care"宋体"

Font Package Modern"宋体"

Font Package Roman"宋体"

Font Package Script"宋体"

Font Package Swiess"宋体"

5）当没有"Associated Char Set"及"Associated Default Fonts"两行关键字时，则打开 Fontassoc 文件夹，在"编辑"\"新建"菜单下单击"主键"按钮，在出现的文字框中分别键入上述两行关键字，之后按步骤 4）增加所列内容。

6）关闭系统，重新启动计算机。

（7）在 Windows 下运行应用程序时提示内存不足

一般出现内存不足的提示可能有以下几种原因。

1）磁盘剩余空间不足，只要相应删除一些文件即可。

2）同时运行了多个应用程序。

3）计算机感染了病毒。

（8）在 Windows 下打印机打出的字均为乱码

此类故障一般是由于打印机驱动程序未正确安装或并行口模式设置不符有关，对于第一种情况解决办法比较简单，若是第二种情况，则可进入 Cmos 设置后更改并行口模式且逐个试验即可（一般有 Ecp、Epp、Spp 3 种）。

（9）在 Windows 下运行应用程序时出现非法操作的提示

此类故障引起原因较多，有如下几种可能。

1）系统文件被更改或损坏。倘若由此引发则打开一些系统自带的程序时就会出现非法操作的提示（例如，打开控制面板）。

2）驱动程序未正确安装，此类故障一般表现在显卡驱动程序上，倘若由此引发，则打开一些游戏程序时均会产生非法操作的提示，有时还会在打开某些网页时出现非法操作的提示。

3）内存条质量不佳引起（有时提高内存延迟时间即将系统默认的 3 改为 2 可以解决此类故障）。

4）有时程序运行时倘若未安装声卡驱动程序亦会产生此类故障，如抢滩登陆战，倘若未安装声卡驱动程序，运行时就会产生非法操作错误。

5）软件之间不兼容，例如，IE5.5 装于 Windows 98 第二版的系统上，当 IE 同时打开多个窗口时会产生非法操作的提示。

（10）拨号成功后不能打开网页

出现此类故障后有以下几种现象。

1）提示无法打开搜索页。此类故障一般是由于网络配置有问题。进入"控制面板"|"网络"，将拨号适配器以外的各项全部删除，重新启动计算机后再添加 Microsoft 的"TCP/IP 协议"重新启动计算机后即可解决。

2）一些能够进去的站点不能进去且长时间查找站点。有一些 Modem 如若用户没有为其指定当地的 IP 地址就会出现此类故障，可进入 Modem 设置项再为其指定当地的 IP 地址即可。例如，湖南的 IP 地址为 202.103.96.68. 还有一种可能是由于用户用软件优化过，对此也可按上面介绍的方法重新安装网络选项或恢复一下注册表看能否解决问题，如若不行的话，只有重新安装系统方可解决。

3）在 Windows 的 IE 浏览器中，为了限制对某些 Internet 站点的访问，可以在"控制面板"的"Internet"设置的"内容"选项中启用"分级审查"，用户可以对不同的内容级别进行限制，但是当我们浏览含有 activex 的页面时，总会出现口令对话框要求我们输入口令，如果口令不对，就会无法看到此页面。这个口令被遗忘后，用户便无法正常浏览。解决的办法就是通过修改注册表删除这个口令。方法如下：

打开注册表编辑器，找到 HKEY_LOCAL_MACHINE\Software\microsoft\Windows\current version\policies\ratings.在这个子健下面存放的就是加密后的口令，将 ratings 子键删除，IE 的口令就被解除了。

（11）3DMAX 正常安装完成后不能启动

此类故障一般是由于用户的 Windows 系统文件安装不全所造成，Windows 一般在正常安装情况下会少装如下几个文件：vdd.vxd、vcomm.vxd、vmouse.vxd、vflatd.vxd、vdmad.vxd、configmg.vxd、ntkern.vxd，只要将其添加进去即可。方法如下：选择"开始"|"程序"|"附件"|"系统工具"|"系统信息"命令，再选择"工具"|"系统文件检查器"选项，选取从安装软盘提取文件，在空白栏内输入以上提到的各个文件，提取完成后即可解决故障。

（12）计算机自动重新启动

此类故障表现如下：在系统启动时或在应用程序运行了一段时间后出现此类故障。引发该故障的原因一般是由于内存条热稳定性不良或电源工作不稳定所造成，还有一种可能就是 CPU 温度太高引起。还有一种比较特殊的情况，有时由于驱动程序或某些软件有冲突，导致 Windows 系统在引导时产生该故障。

5. CMOS 故障排除及恢复

CMOS 在我们的计算机上扮演着重要的角色，计算机启动时"滴"的一声其实是 CMOS 的自检及检查各连接的硬件是否正常。在这里主要说明 CMOS 的故障，有时人为地设置使计算机不能正常运行。由于生产厂商不同，CMOS 也有所不同，但大同小异。CMOS 是集成在南桥芯片上，由 CMOS 电池供电。

1）CMOS 设置保存不上。一般是由于主板电池电压不足造成。处理办法：更换电池即可。如果有的主板电池更换后还不能解决问题，则应该检查主板 CMOS 跳线是否有问题，有时因为将主板上的 CMOS 跳线设为清除选项或者设置成外接电池，也会使 CMOS 数据无法保存。如果不是以上原因，则可以判断是否为主板电路有问题。

2）清除 CMOS（恢复）的方法。

① 开机进入 BIOS，找到在 LOAD FAIL –SAFE DEFAUKTS 或 LOAD OPTIMIZED DEFAULTS 选项，可恢复出厂设置。

② 放电法：打开机箱，把 CMOS 电池扣下，待 5min 左右再安上去即可。

③ 跳线法：在 CMOS 电池附近有三个跳线，把跳线帽拔下，再重插上就可以了。

④ 选择"开始"|"运行"|"command"命令，输入"debug"，重启计算机就可以了。

3）CMOS 本身设置问题。开机按 DEL 键进入 BIOS（还有少数是按 ESC 键进入）。

4）盘符错位：如果计算机上又接了一块硬盘（也就是计算机上共有两块硬盘），但发现里面的盘符错了，C 盘变成了 E 盘，使用起来很不方便。这样可以进入 COMS 中将刚接入的硬盘关闭掉（None），只要另一个硬盘的系统完好就可以了。

6. IE 浏览器故障排除及恢复

（1）发送错误报告

在使用 IE 浏览网页的过程中，出现"Microsoft Internet Explorer 遇到问题需要关闭……"的信息提示。此时，如果单击"发送错误报告"按钮，则会创建错误报告，单击"关闭"按钮之后会引起当前 IE 窗口关闭；如果单击"不发送"按钮，则会关闭所有 IE 窗口。

故障解决方法：对 Windows XP 的 IE 6.0 用户，执行"控制面板"|"系统"命令，切换到"高级"选项卡，单击"错误报告"按钮，选中"禁用错误报告"选项，并选中"但在发生严重错误时通知我"，最后单击"确定"按钮。

（2）IE 发生内部错误，窗口被关闭

在使用 IE 浏览器浏览一些网页时，出现错误提示对话框"该程序执行了非法操作，即将关闭……"，单击"确定"按钮后又弹出一个对话框，提示"发生内部错误……"单击"确定"按钮后，所有打开的 IE 窗口都被关闭。

故障解决方法如下。

1）关闭过多的 IE 窗口。如果运行需占大量内存的程序，建议 IE 窗口打开数量不要超过 5 个。

2）降低 IE 安全级别。执行"工具"|"Internet 选项"命令，选择"安全"选项卡，单击"默认级别"按钮，拖动滑块降低默认的安全级别。

3）IE 升级到最新版本。

（3）出现运行错误

用 IE 浏览器浏览网页时，弹出"出现运行错误，是否纠正错误"对话框，单击"否"按钮后，可以继续上网浏览。

故障解决方法如下。

1）启动 IE，执行"工具"|"Internet 选项"命令，选择"高级"选项卡，选中"禁止脚本调试"复选框，最后单击"确定"按钮即可。

2）将 IE 浏览器升级到最新版本。

（4）IE 窗口始终最小化的问题

每次打开的新窗口都是最小化窗口，即便单击"最大化"按钮后，下次启动 IE 后新窗口仍旧是最小化的。

故障解决方法如下。

1）打开"注册表编辑器"，找到[HKEY_ CURRENT_USER\Software\Microsoft\Internet Explorer\Desktop\Old WorkAreas]，选中窗口右侧的"OldWorkAreaRects"，将其删除。

2）同样，在"注册表编辑器"中找到[HKEY_CURRENT_USER\Software\Microsoft\Internet Explorer\Main]，选择窗口右侧的"Window_Placement"，将其删除。

3）退出"注册表编辑器"，重启计算机，然后打开 IE，将其窗口最大化，并单击"往下还原"按钮将窗口还原，接着再次单击"最大化"按钮，最后关闭 IE 窗口。以后重新打开 IE 时，窗口就正常了。

（5）IE 无法打开新窗口

在浏览网页过程中，单击超级链接无任何反应。

故障解决方法：执行"开始"|"运行"命令，依次运行"regsvr32 actxprxy.dll"和"regsvr32 shdocvw.dll"，将这两个 DLL 文件注册，然后重启系统。如果还不行，则可以将 mshtml.dll、urlmon.dll、msjava.dll、browseui.dll、oleaut32.dll、shell32.dll 也注册一下。

（6）联网状态下浏览器无法打开某些站点

上网后，在浏览某些站点时遇到各种不同的连接错误。

故障解决方法：针对不同的连接错误，IE 会给出不同的错误信息提示，比较常见的有以下几个。

1）提示信息：404 NOT FOUND 这是最为常见的 IE 错误信息。主要是因为 IE 不能找到所要求的网页文件，该文件可能根本不存在或者已经被转移到其他地方。

2）提示信息：403 FORBIDDEN 常见于需要注册的网站。一般情况下，可以通过在网上即时注册解决该问题，但有一些完全"封闭"的网站还是不能访问的。

3）提示信息："500 SERVER ERROR"通常由于所访问的网页程序设计错误或者数

据库错误而引起，只有等待对方网页纠正错误后再浏览了。

7. 开机故障

（1）有开机 BIOS 自检

如果自检无法进行，或键盘的相关指示灯没有按照正常情况闪亮，那么应该着重检查电源、主板和 CPU。因为此时系统是由主板 BIOS 控制的，在基础自检结束前是不会检测其他部件的，而且开机自检发出相关的报警声响很有限，显示屏也不会显示任何相关主机部件启动情况的信息。

故障解决方法如下。

① 如果听不到系统自检的"滴"声，同时看不到电源指示灯亮，以及 CPU 风扇没有转动，应该检查机箱后面的电源接头是否插紧，这时可以将电源接口拔出来重新插入，排除电源线接触不良的原因。当然，电源插座、UPS 熔丝（如果安装有 UPS 电源）这些相关电源的地方也应该仔细检查。

② 如果电源指标灯亮，但显示屏没有任何信息（没有发出轻微的"唰"声），硬盘和键盘指示灯完全不亮（键盘灯没有闪），也没有任何报警声。那么，可能是由于曾经在 BIOS 程序中错误地修改过相关设置，如 CPU 的频率和电压等的设置项目。此外，也可能是由于 CPU 没有插牢、出现接触不良的现象，或者选用的 CPU 不适合当前的主板使用，或者 CPU 安装不正确，再或者在主板中硬件 CPU 调频设置错误。

这时，应该检查 CPU 的型号和频率是否适合当前的主板使用，以及检查 CPU 是否按照正确方法插牢。如果是 BIOS 程序设置错误，可以使用放电方法，将主板上的电池取出，待过了 1h 左右再将其装回原来的地方（如果主板上具有相关 BIOS 恢复技术，也可使用这些功能）。如果是主板的硬件 CPU 调频设置错误，则应该对照主板说明书仔细检查，按照正确的设置将其调回适当的位置，

③ 若电源指示灯亮，而硬盘和键盘指示灯完全不亮，同时听到连续的报警声，说明主板上的 BIOS 芯片没有装好，或接触不良，或者 BIOS 程序损坏。这时，可以关闭电源，将 BIOS 芯片插牢。否则就可能是由于 BIOS 程序损坏的原因，如受到 CIH 病毒攻击，或者如果升级过 BIOS 的话，那么亦可能是因为在升级 BIOS 时失败所致。不过，在开机自检的故障中，由于 BIOS 芯片没有装好，或 BIOS 程序损坏这种情况不常见。

④ 有些机箱制作粗糙，复位键（Reset）按下后弹不起来或内部卡死，会使复位键处于常闭状态，这种情况同样也会导致计算机开机出现故障。这时应该检查机箱的复位键，并将其调好。

（2）无显示 BIOS 自检阶段

如果这时自检中断，出现故障，可以从以下几方面检查。

① 如果计算发出不间断的长"嘟"声，说明系统没有检测到内存条，或者内存条的芯片损坏。这时可以关闭电源，重新安装内存条，排除接触不良的因素，或者另外更换内存再次开机测试。

② 计算机发出 1 长 2 短的报警声，说明存在显示器或显示卡错误。这时应该关闭电源，检查显卡和显示器插头等部位是否接触良好。如果排除接触不良的原因，则应该更换显卡进行测试。

③ 如果这时自检中断，而且使用了 CPU 非标准外频，以及没有对 AGP/PCI 端口进行锁频设置，那么也可能是由于设置的非标准外频导致自检中断。这是因为使用了非标准外频，AGP 显卡的工作频率会高于标准的 66MHz，质量较差的显卡就可能通不过。这时可以将 CPU 的外频设置为标准外频，或在 BIOS 中将 AGP/PCI 端口进行锁频设置（其中 AGP 应该锁在 66MHz 的频率，而 PCI 则应该锁在 33MHz 的频率）。

（3）有显示 BIOS 自检阶段

这一阶段可能出现以下常见问题。

1）检测内存容量的数字，没有检测完就死机。出现这种情况，应该进入 BIOS 的设置程序，检查相关内存的频率、电压和优化项目的设置是否正确。其中，频率和电压设置通常在 BIOS 设置程序的 CPU 频率设置项目中，优化设置通常是 BIOS 设置程序 Advanced Chipset Features 这一项里面的 DRAM Timing Settings 选项，具体设置可以参考主板的说明书，以及查询相关的资料。

不过，当出现这种情况的时候，应该将相关优化内存的项目设置为不优化或低优化的参数，以及不要对 CPU 和内存进行超频，必要时可以选择 BIOS 设置程序的 Load Fail-Safe Defaults 项目，恢复 BIOS 出厂默认值。其次，如果排除以上的原因，那么很可能是由于内存出现兼容或质量方面的问题，这时应该更换内存条进行测试。

2）显示完 CPU 的频率、内存容量之后，出现"Keyboard error or no keyboard present"的提示。这个提示是指在检测键盘时出现错误，这种情况是由于键盘接口出现接触不良，或者键盘的质量有问题。这时应该关闭计算机，重新安装键盘的接口，如果反复尝试多次还有这个提示，那么应该更换键盘进行测试。

3）显示完 CPU 的频率、内存容量之后，出现"Hard disk（s）diagnosis fail"的提示。这个提示是指在检测硬盘时出现错误，这种情况是由于硬盘的数据线或电源线出现接触不良，或者硬盘的质量有问题。这时应该关闭计算机，重新安装硬盘的数据线或电源线，并检查硬盘的数据线和电源线的质量是否可靠，如果排除数据线和电源线的原因，并且反复安装多次都还有这个提示，则应该更换硬盘进行测试。

4）显示完 CPU 的频率、内存容量之后，出现"Floppy disk（s）fail"的提示。这个提示是指在检测软驱时出现错误。产生这样的故障原因，可能是在 BIOS 中启用了软驱，但在计算机上却是没有安装软驱。另外，如果连接软驱的数据线或者软驱本身有问题，或者软驱的电源接口和数据线接口接触不良，也会导致这一故障的出现。

（4）没有加载硬盘启动

BIOS 自检完成后，进入硬盘和操作系统的启动，然而硬盘和操作系统都没有启动，在显示屏上只显示"Boot from CD:"这样的提示信息。

故障解决方法：这个提示信息是请用户在光驱上放入系统启动光盘。如果出现这一信息，说明在光驱上没有放启动光盘，或者放置的光盘没有启动功能。如果想让 BIOS 自检完成后进入硬盘和操作系统的启动，应该在 BIOS 中将加载硬盘的项目打开。例如，将 First Boot Device（第一个启动项目）一项设置为硬盘"HDD-0"。此外，如果使用软盘（Floppy）、光盘（CD-ROM）或闪盘（USB-HDD）作为启动盘，那么只要在 BIOS 中选择这些驱动器作为启动盘，BIOS 在自检完成后，就会将系统启动控制权交给指定的驱动器的启动盘了。

（5）自动进入 BIOS 设置程序

内存自检结束后立即自动进入 BIOS 程序的设置界面。

故障解决方法：出现这种现象，说明 BIOS 设置存在问题，例如，错误地修改了 BIOS 程序的某些项目。这时，应该对照主板说明书仔细检查，必要时可以选择 BIOS 设置程序的 Load Fail-Safe Defaults 项目，然后从弹出的对话框中按下 Y 键，恢复 BIOS 出厂默认设置，当系统启动成功后再逐步优化。

（6）磁盘引导失败

故障现象在引导驱动器（启动盘，例如硬盘）启动时，出现"Disk Boot Failure，Insert System Disk And Press Enter"的提示。

故障解决方法：这是"磁盘引导失败，请插入系统盘并回车继续"的提示。从提示信息中可以得知，系统检测不到硬盘或其他有效驱动器的存在，或者没有引导文件可以执行所致。具体的解决方法，可以在 BIOS 中检查是否开启了有效的驱动器启动项目，如果开启的项目是光驱，则应该检查是否在对应驱动器中放入了有效的启动盘。如果开启的是硬盘，则检查硬盘的次序是否正确，如果正确，则应该在 BIOS 中检查是否检测到硬盘的存在。这里需要注意一点，硬盘的引导有 HDD-0、HDD-1 之类的项目，这些项目针对安装多硬盘而设计的，在选择这些次序时要注意分辨，一般来说如果只有一个硬盘，只要选择"HDD-0"一项即可。

如果检测到硬盘，那么很可能只是由于没有在硬盘上安装引导文件或操作系统而已，这时只要在 DOS 状态中运行"sys c:"命令，给硬盘传输引导文件，或者直接利用其他启动盘引导电脑启动后，再安装 Windows 操作系统即可。如果检测不到硬盘，那么，应该检查硬盘的数据线和电源线是否出现接触不良的现象，以及选用的数据线和电源线是否可靠，否则就应该将硬盘接到其他适当的计算机上进行测试。如果测试后都检测不到，就说明这个硬盘是坏的。如果在其他计算机上检测到硬盘，并且可以正常使用，那么说明在原先的计算机中硬盘的安装不当，或者选用的数据线、电源线的质量有问题（如有断线的现象），或者主板与硬盘不兼容（这种情况常见于将新硬盘接到旧主板中）。

（7）没有活动分区

故障现象在引导硬盘启动时，出现"Not Found and [active partition] in HDD Disk Boot Failure，Insert System Disk And Press Enter"的提示。

故障解决方法：提示信息是说明"没有在硬盘中建立有活动分区，请插入系统盘并回车继续"。从提示信息中可以知道在硬盘上没有可用的活动分区，这种情况通常是由于错误分区或者感染了病毒所致。首先，可以用启动盘引导计算机启动到 DOS 系统，然后运行 Fdisk 分区程序，在进入分区操作界面后，从主界面的菜单中选择第 2 项，将 C 盘激活为活动分区即可。然而，如果在出现这一故障之前 Windows 是能够正常运行的，而且没有再进行过分区的操作，则很有可能是病毒所致，这时应该先用杀毒工具对硬盘进行全面的检索、杀毒，然后再运行 Fdisk 分区程序激活硬件的活动分区。

（8）无效的分区表

故障现象在引导硬盘启动时出现"Invalid partition table"的提示。

故障解决方法：这是"无效的分区表"的提示信息，如果从来没有对硬盘进行分区（如硬盘是新买回来的），那么只是由于未曾设置分区而已，这时只要给硬盘进行分区、格式化，并安装操作系统即可。然而，如果在故障出现之前已经给硬盘分区，或者在硬盘上已经安装有操作系统，出现这样的信息是说明当前硬盘分区表遭到了破坏。分区表的破坏可能是人为造成的，如分区的操作不当，但也很有可能是病毒造成的，特别是CIH 病毒，它的主要作用就是破坏硬盘的分区表。

出现这一故障时，可以用启动盘引导电脑启动到 DOS 系统，然后在 DOS 状态下执行"fdisk /mbr"命令（注：须在启动盘里有 fdisk.exe 这个分区工具文件），然后重新启动计算机，查看故障是否排除。如果故障没有排除，那么需要用 KV3000、NDD 和 Disk Genius 这些具有分区表修复功能的工具将分区表还原或修复。如果之前曾用这些工具，将硬盘的分区表进行备份，那么只要将备份的硬盘分区表还原，这一故障通常都可能轻易修复。

如果没有备份硬盘的分区表，则需要运行这些工具的分区表修复功能，如使用 Disk Genius 工具。在该程序启动后，运行"工具"菜单的"重建分区"选项，即可使用这个软件的分区表修复功能，将硬盘的分区表进行修复。不过，使用这些工具的分区表修复功能成功率并不高。因此，如果使用了这些工具依然不能排除故障，以及在硬盘里面有很重要的数据文件，则应该找相关技术人员或硬盘数据修复机构将数据修复，否则只有重新对硬盘进行分区了。

（9）在启动时出现死机现象

故障现象在引导驱动器启动时，敲击键盘没有反应，出现死机现象。

故障解决方法：这种情况可能是由于硬件冲突所致，可以使用插拔检测法将计算机里面一些不主要的部件（如光驱、声卡、网卡）逐件卸载，检查出导致死机的部件，然后不安装或更换这个部件即可。此外，这种情况也可能是由于硬盘的质量有问题，如果使用插拔检测法后故障没有排除，可以将硬盘接到其他的计算机上进行测试，如果硬盘可以应用，那么说明硬盘与原先的计算机出现兼容问题；如果在其他的计算机上测试同样有这种情况，说明硬盘的质量不可靠，甚至已经损坏。

其次，这种情况也可能是由于在 BIOS 设置中对内存、显卡等硬件设置了相关的优化项目，而优化的硬件却不能支持在优化的状态中正常运行。因此，当出现这种情况时，应在 BIOS 中将相关优化的项目调低或不优化，必要时可以恢复 BIOS 的出厂默认值。

（10）无效的系统盘

故障现象在引导驱动器启动时，出现"Invalid system disk Replace the disk，and then press and key"的提示。

故障解决方法：这是"无效的系统盘，请按任意键继续"的提示信息。出现这样的提示比较常见于将光驱设置为第一启动器，而且将没有系统启动功能的光盘插入到光驱里，忘了取出来所致。此外，这种情况很可能是由于硬盘里缺少引导文件、引导文件被损坏，或者没有在硬盘里安装有操作系统所致。

对于前者，只需要将光盘取出来即可，或者修改启动顺序。而后者，可以先用系统启动盘启动计算机，然后运行操作系统安装程序，将操作系统安装在硬盘里即可。

（11）Windows 连续自动重启

故障现象在 Windows 启动画面出现后，登录画面显示之前计算机自动重新启动，每次都这样，无法进入 Windows 系统的桌面。

故障解决方法：一般说来，导致这种故障的原因是 Windows 启动文件 Kernel32.dll

丢失或者已经损坏。如果之前备份了这个文件，那么将备份文件还原到对应的目录。如果之前没有备份，那么也可以从其他安装 Windows 系统的计算机中找到这个文件，并将其复制到出现故障的计算机中。这个文件通常位于 Windows 系统安装分区盘的"Windows/System32"目录中。

此外，如果在系统中安装故障恢复控制台程序，这个文件也可以在 Windows 的安装盘中找到。不过，在 Windows 安装盘中找到的文件是 Kernel32.dl_，这是一个未解压的文件，它需要在故障恢复控制台中先运行"map"命令，然后将光盘中的 Kernel32.dl_文件复制到硬件，并运行"expand kernel32.dl_"命令，将 Kernel32.dl_文件解压为 Kernel32.dll，最后将解压的文件复制到对应的目录。然而，如果没有备份 Kernel32.dll 文件，在系统中也没有安装故障恢复控制台，以及不能从其他计算机中拷贝这个文件，那么重新安装 Windows 系统也可以解决故障。

（12）驱动程序冲突

故障现象自从给某硬件安装或更新驱动程序后，Windows 就不能成功启动到桌面。

故障解决方法：出现这种情况，一般由于安装或更新的驱动程序与 Windows 系统存在冲突。当出现故障时，可以在刚启动 Windows 系统时按下 F8 键，从 Windows 启动菜单中选择从安全模式启动。进入 Windows 的安全模式后，运行"系统还原"程序，将系统还原到未曾安装或更新的驱动程序之前的时间即可。

（13）提示缺少系统文件

启动 Windows 时，屏幕上出现找不到*.vxd、*.dll 或*.sys 等文件的提示信息，有时可以启动到 Windows，但有时会死机或需要重新启动。

故障解决方法：出现这种情况是由于 Windows 系统中的程序文件丢失或出错导致的。例如，系统应用程序或驱动程序（扩展名称是 vxd、dll 或 sys 的文件）被错误删除，或者文件受到破坏等。如果这时不能启动 Windows 系统，可以从其他使用同样版本的操作系统的计算机上找到这些文件，并在 Windows 系统的安全模式或 DOS 状态下将其复制到出现故障的计算机相应目录即可，否则就需要重新安装操作系统。

如果可以启动 Windows 系统的安全模式，而且知道缺少的文件是哪些部件的驱动程序，那么在安全模式中重新安装这些部件的驱动程序即可。然而，出现这些故障时，系统依然能够正常运行，可以从系统的安装盘或驱动程序中找到缺少的文件，并将其复制到系统相应的目录即可。此外，也可以在开始菜单中选择"运行"选项，在窗口的"打开"一栏中输入"regedit"，然后单击"确定"按钮，运行"注册表编辑器"命令。在"注册表编辑器"的"编辑"菜单中单击"查找"命令，接着从弹出的"查找"窗口下的"查找目标"一栏里中，输入在启动时提示找不到的文件的文件名，然后将所有查找到的项目删除即可。

（14）关机时计算机自动重新启动

在 Windows 系统中关闭计算机，系统却自动重新启动，不能使用软关机功能。

故障解决方法：导致这一故障的原因很有可能是由于用户在不经意之间或利用一些系统优化软件将 Windows 系统快速关机功能打开了。

如果使用的是 Windows XP 系统，可以从"开始"菜单的"控制面板"中打开"系统"一项，然后在弹出的"系统属性"窗口中选择"高级"标签页，在"启动和故障恢复"一栏中单击"设置"按钮,在弹出的"启动和故障恢复"窗口中将"自动重新启动"一项取消选择即可。

此外,由于关机与系统的电源管理密切相关,因此造成关机故障的原因也有可能是由于电源管理对系统支持不良造成的。这时,可以从"开始"菜单的"控制面板"中打开"电源选项",在弹出的"电源选项属性"窗口中选择"高级电源管理"标签页,然后根据自己的需要启用或取消"高级电源支持"选项。如果在故障发生时使用的是启用"高级电源支持",就试着取消它;如果在故障发生时使用的是取消"高级电源支持",就试着启用它。其次,如果在关闭计算机前依然使用 USB 接口的设备,同样也可能导致这种故障现象。因此,在关闭计算机前,应该先完成 USB 接口的设备的数据传输,并将其取出。

(15)自动关机或重启

计算机在正常运行过程中突然自动关闭系统或重新启动系统。

故障解决方法:现在的主板普遍对 CPU 具有温度监控功能,一旦 CPU 温度过高,超过主板 BIOS 中所设定的温度,主板就会自动切断电源,以保护相关硬件。因此,在出现这种故障时,应检查机箱的散热风扇是否正常转动,硬件的发热量是否太高,或者设置的 CPU 监控温度是否太低。

此外,系统中的电源管理和病毒软件也会导致这种现象发生。因此,也可以检查相关电源管理的设置是否正确,同时也可检查是否有病毒程序加载在后台运行,必要时可以使用查杀病毒的软件对硬盘中的文件进行全面检查。其次,也可能是由于电源功率不足、老化或损坏而导致这种故障,这时可以通过替换电源的方法进行确认。

(16)按电源按钮不能关机

用户的计算机本来关机一直是正常的,但最近在按下电源开关后却没有反应,以前都是按上几秒就会关机的,现在不行了,请问如何恢复?

故障解决方法:从"开始"菜单的"控制面板"中打开"电源管理"选项,从弹出的"电源选项属性"窗口中选择"高级"标签页,将里面的"在按下计算机电源按钮时"一项选择为"关机"按钮即可。

(17)关机时出现蓝屏

在关闭计算机的过程中,显示屏突然显示蓝屏界面,按下键盘的任何按键也没有反应。

故障解决方法:这种情况很可能是由于 Windows 系统缺少某些重要系统文件或驱动程序所致,也可能是由于没有关闭系统的应用软件,直接关机所致。这时应该在关闭计算机前,先关闭所有运行的程序,然后再关机。如果故障没有排除,那么可以在"开始"菜单中打开"运行"窗口,在"运行"窗口的"打开"一栏中输入"sfc /scannow"命令,单击"确定"按钮后,按照提示完成系统文件的修复即可。

此外,如果这种情况是发生在给某部件安装或更新了驱动程序之后才出现的,那么很可能是由于这个部件的驱动程序与系统存在不兼容的情况。这时应该使用"系统还原"功能将系统还原到安装驱动程序之前的状态。如果没有"系统还原"或没有系统还原点,也可以从互联网上下载相关驱动程序卸载的软件,将安装的驱动程序卸载。

(18)关机不能自动切断电源

用户的计算机支持软关机,但是在关机时不能自动切断电源,而是出现"您可以安全的关闭计算机"后，还需要手动按一下电源按键才可以关闭计算机。

故障解决方法：如果计算机支持高级电源管理功能，出现这种故障的原因可能是主板和操作系统之间的高级电源管理功能兼容不良。这时，可以依次选择"开始→设置→控制面板→电源选项→高能电源管理"命令，取消"启用高级电源管理支持"的选择。此外，也可以在 BIOS 设置程序中将"ACPI Function"设置为"Disable"。

如果计算机支持 APM/NT Legacy Node 功能，那么，这个选项没有开启也可能造成关机却不能自动切断电源的现象。这时，可以在"开始"菜单中依次选择"设置→控制面板→系统→硬件→设备管理器"命令，然后在打开的"设备管理器"窗口中单击"查看"菜单中的"显示隐藏的设备"一项，显示系统所有的隐藏设备。在设备列表框中查看有无 APM/NT Legacy Node 选项。如果有这个选项，双击打开，在弹出的属性窗口中，单击"启用设备"按钮即可。

一、选择题

1. 下面列出的计算机病毒传播途径，不正确的说法是：（　　　）。
   A. 使用来路不明的软件　　　　B. 通过借用他人的软盘
   C. 通过非法的软件复制　　　　D. 通过把多张软盘叠放在一起
2. 操作系统是（　　　）。
   A. 软件与硬件的接口　　　　　B. 主机与外部设备的接口
   C. 计算机与用户的接口　　　　D. 高级语言与机器语言的接口

二、判断题

1. 声卡是多媒体计算机的必备部件。　　　　　　　　　　　　　　　（　　　）
2. 若一台计算机感染了病毒，只要删除所有带毒文件，就能消除所有病毒。（　　　）
3. 在计算机运行中，有些系统不稳定或经常出错，除了由于机器本身的原因以外，机房环境条件恶劣是一个非常重要的因素。　　　　　　　　　　　　（　　　）
4. Window 资源管理器和用户的计算机是中文 Windows 操作系统提供的用于管理文件和文件夹的两个系统程序。　　　　　　　　　　　　　　　　　　（　　　）

学习活动 5.4　售后服务

1）了解售后相关政策。

2）了解职业规范。

3）掌握沟通技巧。

4）了解技术要求。

 情景引入

某天售后服务人员小张接待一位来维修计算机的客户,但这位客户对计算机的使用基础知识掌握不好,不能正确地说出具体故障原因,只知道计算机不能正常开机并要求把计算机修好。

 情景分析

售后服务人员必须具备较强的技术知识,但更为重要的是"客户至上"的服务意识。在日常业务接待客户时,应特别注意服务态度、语言表达,展现自身亲和力,从而得到客户的信赖。

 相关知识

1. 售后服务相关政策

三包政策是零售商业企业对所售商品实行"包修、包换、包退"的简称。指商品进入消费领域后,卖方对买方所购物品负责而采取的在一定限期内的一种信用保证办法。对不是因用户使用、保管不当,而属于产品质量问题而发生的故障提供该项服务。

（1）三包责任

消费者购买的产品出现以下情况,有权要求经销者承担三包责任。

1）不具备产品应当具备的使用性能,而事先没有说明的。

2）不符合明示采用的产品标准要求。

3）不符合以产品说明、实物样品等方式表明的质量状况。

4）产品经技术监督行政部门等法定部门检验不合格。

5）产品修理两次仍不能正常使用。

（2）三包时间

1）"7 日"规定:产品自售出之日起 7 日内,发生性能故障,消费者可以选择退货、换货或修理。

2）"15 日"规定:产品自售出之日起 15 日内,发生性能故障,消费者可以选择换货或修理。

3）"三包有效期"规定:"三包"有效期自开具发票之日起计算。在国家发布的第一批实施"三包"的 18 种商品中,如彩电、手表等的"三包"有效期,整机分别为半年至一年,主要部件为一年至三年。在"三包"有效期内修理两次,仍不能正常使用的产品,消费者可凭修理记录和证明调换同型号同规格的产品或按有关规定退货。"三

包"有效期应扣除因修理占用和无零配件待修的时间。换货后的"三包"有效期自换货之日起重新计算。

4)"90 日"规定和"30 日"规定：在"三包"有效期内，因生产者未供应零配件，自送修之日起超过 90 日未修好的，修理者应当在修理状况中注明，销售者凭此免费为消费者调换同型号同规格产品。因修理者自身原因使修理超过 30 日的，由其免费为消费者调换同型号同规格产品，费用由修理者承担。

5)"30 日"和"5 年"的规定：修理者应保证修理后的产品能够正常使用 30 日以上，生产者应保证在产品停产后 5 年内继续供符合技术要求的零配件。

（3）三包规定的义务

1）销售者应履行的义务。

① 不能保证实施三包规定的，不得销售目录所列产品。

② 保持销售产品的质量。

③ 执行进货检查验收制度，不符合法定标志要求的，一律不准销售。

④ 产品出售时，应当开箱检验，正确调试，介绍使用维护事项、三包方式及修理单位，提供有效发票和三包凭证。

⑤ 妥善处理消费者的查询、投诉，并提供服务。

2）修理者应履行的义务。

① 承担修理服务业务。

② 维护销售者、生产者的信誉，不得使用与产品技术要求不符的元器件和零配件。认真记录故障及修理后产品质量状况，保证修理后的产品能够正常使用 30 日以上。

③ 保证修理费用和修理配件全部用于修理。接受销售者、生产者的监督和检查。

④ 承担因自身修理失误造成的责任和损失。

⑤ 接受消费者有关产品修理质量的查询。

3）生产者应履行的义务。

① 明确三包方式。生产者自行设置或者指定修理单位的，必须随产品向消费者提供三包凭证，修理单位的名单、地址、联系电话等。

② 向负责修理的销售者、修理者提供修理技术资料、合格的修理配件，负责培训，提供修理费用。保证在产品停产后 5 年内继续提供符合技术要求的零配件。

③ 妥善处理消费者直接或者间接的查询，并提供服务。

（4）具体内容

下面就三包法的具体内容，关于计算机整机和计算机选购件部分谈一谈计算机产品的保修情况。

1）整机。实行三包法以后，按照国家的规定，PC 整机的保修期限是 1 年，主要部件 2 年，主要部件包括 CPU、主板、内存、显卡、硬盘、电源。

仔细阅读了三包法具体内容会发现，三包法规定非常有利于购买品牌机，对兼容机的规定不是很多。三包法中详细规定了主机，外部设备商品在 7 日内，15 日内如有问题时可退可换，而没有对选购件（也就是通常所说的兼容机）进行相应的规定。主机和外部设备两次维修仍不能正常使用的，由销售者免费为消费者调换同型号同规格的商品。在整机三包有效期内，如因销售者既无同型号同规格的商品，也无不低于原产品性能的同品牌商品，消费者要求退货的，销售者应当负责免费为消费者退货，并按发货票价格一次退清货款。

不过三包法中的第十五条规定不是很好，如果消费者购买的主机或外部设备在两次维修仍不能正常使用时，要求换货的，需要按规定折旧率收取折旧费。折旧费的计算日期自开具发货票之日起，至退货之日止，其中应当扣除修理占用和待修的时间。国家规定的折旧为日 0.25% ，如果机器在购买 400 天后出现问题，还没有超过两年，如果算折旧的话，已经没有价值了，但是如果按发货票价格退款，倒是很划算，退回的钱即使买一台高性能的主机后，还要有余钱。

在实际应用中，经销商为了自己的利益，都在钻法律的空子，再加上消费者不了解三包的具体内容，更何况一些专门负责 315 的人员也不是很了解电脑三包的详细内容，想退货返款，几乎没可能。

2）选购件。在没有实行三包之前，主板、内存、硬盘、显卡等还有保修 3 年的，但是自从三包实行后，保修期限都改为 1 年。国家规定的是在 1 年内换新，并且换新后需要重新计算保修期限。

这里就有一个容易发生歧义的地方，那就是顾客在计算机公司买的是一台组装机，如果发生质量问题，连续维修两次仍不能正常使用时，这时商家是不会给你退整机的，只会对相应的故障件进行更换或修理。因为大家所认为的"整机"并不是法律意义上的整机，而是选购件，只不过我们购买的选购件，在计算机公司那里被装在了一起，最后以整机的形式拿回了家。因此在计算机公司购买的"兼容机"的三包只能按"选购件"的三包规定执行，哪个部件坏了，只能对哪个部件进行修理，而没有两次维修仍不能正常使用时，退换整机的说法。

请参考（〈微型计算机商品修理更换退货责任规定〉）（俗称三包）第十七条如下：在三包有效期内，选购件出现《微型计算机商品性能故障表》所列性能故障，销售者应当负责为消费者免费调换新的选购件。选购件更换两次后仍不能正常使用的，销售者应当负责免费为消费者退货，并按发货票价格一次退清货款。

有一点不错，无论是整机还是选购件，只要更换了新品，其三包有效期将自换货之日起重新计算。

（5）不实行条款

在三包法第二十八条中也规定了不实行三包的条款。

1）超过三包有效期的。解释：也就是通常所说的过保了，再修理当然要花钱了。

2）未按产品使用要求使用、维护、保管而造成损坏的。

3）非承担三包的修理者拆动造成损坏的。解释：如果你的主机有故障时，在三包期内千万不要私自拆开机器或请朋友或其他非指定维修单位进行维修，否则可能不保。

4）无有效三包凭证及有效发货票的（能够证明该商品在三包有效期内的除外）。解释：三包的有效凭证是购机发票，并且是以购机发票的日期为计算日期，并不是以三包凭证来计算的。注意：在购机发票上要注明购机的型号，名称等相关内容，防止出现尽管有发票，但是也不能证明这张发票是自己的购机发票。

5）擅自涂改三包凭证的。

6）三包凭证上的产品型号或编号与商品实物不相符合的。解释：当销售者对用户购买的机器进行维修时，如更换了相关部件，一定要其在三包凭证是进行标注。另外，不要因为品牌机的配置低，而私下与经销商协商更换档次更高的部件，如更换 40GB 或 80GB 的硬盘，在这种情况下，如果将来机器发生故障，指定的维修站是不给予修理的。

7）使用盗版软件造成损坏的。解释：在实际操作中这一点很难辨别。

8）使用过程中感染病毒造成损坏的；解释：主要是 CIH 等能够对硬件进行破坏的病毒，造成机器不能正常启动。

9）无厂名、厂址、生产日期、产品合格证的。解释：三无产品是没有三包待遇的。

2. 售后服务人员的职业规范与技术要求

（1）计算机（微机）维修工国家职业资格鉴定要求

1）适用对象：从事或准备从事计算机维修工作的人员。

2）申报条件如下。

① 取得高级技工学校或经劳动保障行政部门审核认定的以高级技能为培训目标的高等职业学校本职业毕业证书。

② 取得本职业中级职业资格证书的电子计算机专业大专以上毕业生，且连续从事电子计算机维修工作 2 年以上。

3）鉴定方式：鉴定方式分为理论知识考试和技能操作考核两门，理论知识考试采用闭卷笔试，技能操作考核采用现场实际操作方式进行。两门考试（核）均采用百分制，皆达 60 分以上者为合格。

4）鉴定时间：各等级的理论知识考试为 60min。

（2）计算机（微机）维修工职业规范

1）职业基本知识。

① 微型计算机基本工作原理。

② 微型计算机主要部件知识。

③ 微型计算机扩充部件知识。

④ 微型计算机组装知识。

⑤ 微型计算机检测知识。

⑥ 微型计算机维护维修知识。

⑦ 计算机常用专业词汇。

2）职业道德守则。

① 遵守国家法律法规和有关规章制度。

② 爱岗敬业、平等待人、耐心周到。

③ 努力钻研业务，学习新知识，有开拓精神。

④ 工作认真负责，吃苦耐劳，严于律己。

⑤ 举止大方得体，态度诚恳。

3）法律知识。《价格法》、《消费者权益保护法》和《知识产权法》中有关法律法规条款。

4）安全知识。电工电子安全知识。

3. 售后服务维修员的工作要求

本标准对初、中的技能要求依次递进，高级别包括了低级别的要求。

（1）初级

售后服务维修员的工作需求（初级）见表 5-1。

表 5-1　售后服务维修员的工作需求（初级）

职业功能	工作内容	技能要求	相关知识
一、故障调查	（一）客户接待	1. 做到态度热情，礼貌周到 2. 了解客户描述的故障表现 3. 了解故障机工作环境 4. 介绍服务项目及收费标准 5. 做好上门服务前的准备工作	1. 常见故障分类 2. 常见仪器携带方法
	（二）环境检测	1. 检测环境温度与湿度 2. 检测供电环境电压	1. 温、湿度计使用方法 2. 万用表使用方法
二、故障诊断	（一）验证故障机	1. 确认故障现象 2. 作出初步诊断结论	整机故障检查规范流程
	（二）确定故障原因	1. 部件替代检查 2. 提出维修方案	主要部件检查方法
三、故障处理	（一）部件维护	1. 维护微机电源 2. 维护软盘驱动器 3. 维护光盘驱动器 4. 维护键盘 5. 维护鼠标 6. 维护复印机 7. 维护显示器	1. 微机电源维护方法 2. 软盘驱动器维护方法 3. 光盘驱动器维护方法 4. 键盘维护方法 5. 鼠标维护方法 6. 复印机维护方法 7. 显示器维护方法
	（二）部件更换	1. 更换同型电源 2. 更换同型主板 3. 更换同型 CPU 4. 更换同型内存 5. 更换同型显示适配器 6. 更换同型声音适配器 7. 更换同型调制解调器	微机组装程序知识
四、微机系统调试	（一）设置 BIOS	1. BIOS 标准设置 2. 启动计算机	1. BIOS 基本参数设置 2. 计算机自检知识
	（二）系统软件调试	利用操作系统验证计算机	使用操作系统基本知识
五、客户服务	（一）故障说明	1. 填写故障排除单 2. 指导客户正确验收计算机	计算机验收程序
	（二）技术咨询	1. 指导客户正确操作计算机 2. 向客户提出工作改进建议	1. 安全知识 2. 计算机器件寿命影响因素知识

（2）中级

售后服务维修员的工作要求（中级）见表 5-2。

表 5-2　售后服务维修员的工作要求（中级）

职业功能	工作内容	技能要求	相关知识
一、故障调查	（一）客户接待	1. 引导客户对故障进行描述 2. 确定故障诊断初步方案	1. 硬件故障现象分类知识 2. 故障常见描述方法
	（二）环境检测	1. 检测供电环境稳定性 2. 检测环境粉尘、振动因素	1. 供电稳定性判断方法 2. 感官判断粉尘、振动知识
二、故障诊断	（一）验证故障机	正确作出诊断结论	故障部位检查流程
	（二）确定故障原因	部件替换检查	部件功能替换知识
三、故障处理	（一）部件常规维修	1. 维修微机电源 2. 维修软盘驱动器 3. 维修光盘驱动器 4. 维修键盘 5. 维修鼠标	1. 微机电源常规维修方法 2. 软盘驱动器常规维修方法 3. 光盘驱动器常规维修方法 4. 键盘常规维修方法 5. 鼠标常规维修方法
	（二）部件更换	1. 更换同型主板 2. 更换同型 CPU 3. 更换同型内存 4. 更换同型显示适配器 5. 更换同型声音适配器 6. 更换同型调制解调器	1. 接口标准知识 2. 部件兼容性知识 3. 主板跳线设置方法
四、微机系统调试	（一）设置 BIOS	设置 BIOS 优化设置	BIOS 优化设置方法
	（二）系统软件调试	1. 清除文件型病毒 2. 清除引导型病毒	1. 病毒判断方法 2. 杀毒软件使用方法
	（三）安装系统调试	1. 安装操作系统 2. 安装设备驱动程序 3. 软件测试计算机部件	1. DOS、Windows 安装方法 2. 驱动程序安装方法 3. 测试软件使用方法
五、客户服务	（一）故障说明	向客户说明故障原因	计算机自检程序知识
	（二）技术咨询	指导客户预防计算机病毒	病毒防护知识

4. 售后服务沟通技巧

（1）微笑是对顾客最好的欢迎

微笑是生命的一种呈现，也是工作成功的象征。所以当迎接顾客时，哪怕只是一声轻轻的问候也要送上一个真诚的微笑表情，言语之间是可以感受得到诚意与服务的。多用些表情，无论哪一种表情都会将自己的情感信号传达给对方。并在表达"欢迎光临！"、"感谢您的惠顾！"时都要送上一个微笑。加与不加给人的感受完全是不同的。

（2）持积极态度，树立顾客永远是对的理念

打造优质的售后服务，当售出的商品出现问题时，不管是顾客的错还是公司出的问

题都应该及时解决，而不是回避、推脱。要积极主动与客户进行沟通。对顾客的不满要反应敏感积极，尽量让顾客觉得自己是被受重视的，尽快处理顾客反馈意见，让顾客感受到被尊重与重视。

（3）礼貌对客，多说"谢谢"

礼貌对客，让顾客真正感受到"上帝"式服务。顾客进门先来一句："欢迎光临！"或者："欢迎光临，请问有什么可以帮忙吗？"诚心致意，会让人有一种亲切感。并且可以先培养一下感情，这样顾客心里抵抗力就会减弱或都消失。有时顾客只是随便到店里看看，我们也要诚心地感谢顾客并说："感谢光临！"。对于彬彬有礼，礼貌非凡的店主，谁都不会把他拒之门外的。诚心致谢是一种心理投资，不需要很大代价，可以收到非常好的效果。

（4）坚守诚信

对顾客必需要用一颗诚挚的心，就像对待朋友一样。这包括诚实地解答顾客的疑问，诚实地告诉顾客商品的优缺点，诚实地向顾客推荐适合他的商品。

坚守诚信还表现在一旦答应顾客的要求，就应该切实地履行自己的承诺。哪怕自己吃点亏，也不能出尔反尔。

（5）凡事留有余地

在与顾客交流中，不要用"肯定""保证""绝对"等字样，这不等于你售出的产品是次品，也不表示你对买家不负责任的行为，而是不让顾客有失望的感觉。因为每个人在购买商品的时候都会有一种期望，如果你保证不了顾客的期望最后就会变成顾客的失望。如果用"尽量""努力""争取"等，效果会更好。多给顾客一点真诚，也给自己留有一点余地。

（6）处处为顾客着想，用诚心打动顾客

让顾客满意，重要一点体现在真正为顾客着想。处处站在对方的立场想顾客所及，把自己变成一个买家助手。以诚感人，以心引导人，这是最成功的引导上帝的方法。

（7）多虚心请教、多听听顾客声音

当顾客上门时，我们并不能马上判断顾客的来意与需求。所以需要先问清顾客的意图，需要具体什么样的商品，是送人还是自用，是送给什么样的人等。了解清楚顾客的情况，才能仔细对顾客定位，了解客户属于哪一类消费者。如学生、白领等。尽量了解顾客的需求与期待，努力做到只介绍对的不介绍贵的商品给顾客。做到以客为尊，满足顾客需求才能走向成功。

当顾客表现出犹豫不决或者不明白的时候，我们也应该先问清楚顾客困惑的是什么，是哪个问题不清楚，如果顾客表述也不清楚，我们可以把自己的理解告诉顾客，问问是不是理解对了，然后针对顾客的疑惑给予解答。

（8）要有足够的耐心与热情

我们常常会遇到一些顾客，喜欢打破沙锅问到底。这时，我们就需要耐心热情地预以回复，给顾客信任感。要知道爱挑剔的买家才是好买家。有些顾客当所有问题问完了也不一定会立刻购买，但我们不能表现出不耐烦。就算不买也要说声"欢迎下次光临！"。如果服务好，这次不成，下次有可能她还会回头找你购买的。砍价的客户也是常遇到，砍价是买家的天性，可以理解。在彼此能够接受的范围可以适当地让一点，如果确实不行也应该婉转地回绝。比如说"真的很抱歉，没能让您满意，我会争取努力改进！"或者引导买家换个角度来看这件商品，让他感觉货有所值。也可以建议顾客先货比三家。总之，要让顾客感觉你是热情真诚的。千万不可以说我这里不还价，没有等伤害顾客自尊的话语。

（9）做个专业卖家，给顾客准确的推介

不是所有的顾客对你的产品都是了解和熟悉的。当顾客对你的产品不了解时，在咨询过程中，我们就要了解自己产品专业知识。这样才可以更好地为顾客解答。帮助顾客找到适合他们的产品，不能一问三不知。这样会让顾客感觉没有信任感，谁也不会在这样的店里买东西。

（10）坦诚介绍商品优点与缺点

我们在介绍商品时，必须针对产品本身的特点。虽然商品缺点本来是应该尽量避免触及，但如果因此造成事后客户抱怨，反而会失去信用。有些特价商品存在商品瑕疵问题但不影响正常使用。所以，在卖这类商品时首先要坦诚地让顾客了解到商品的缺点，努力让顾客知道商品的其他优点，先说缺点再说优点，这样会更容易被客户接受。在介绍商品时切莫夸大其词地介绍自己的商品，介绍与事实不符，最后失去信用也失去顾客。其实介绍自己产品时，就像个媒婆一样把产品嫁出去。如果你介绍"这个女孩脾气不错，就是脸蛋差了些"和"这个女孩虽然脸蛋差了些，但是脾气好，善良温柔"。虽然表达的意思是一样，但听起来感受可就大不同。所以，介绍自己产品时，可以强调一下"东西虽然是次了些，但是东西功能居全，或者说，这件商品拥有其他产品没有的特色"等。这样介绍收到的效果是完全不相同。

思考与练习

一、单选题

1.（　　）是服务质量与有形产品质量的重要区别。
　　A．移情性　　　　　　B．互动性　　　　　C．客户感知　　　D．可靠性
2. 服务质量满意是指（　　）。
　　A．客户感知和期望相一致时，服务质量合格
　　B．客户对服务人员的满意程度
　　C．客户的期望值大于感知值时，服务质量合格
　　D．企业认为符合高标准的服务
3. 服务质量评估的要素中，（　　）是客户认为最重要的一项。
　　A．响应性　　　　B．保证性　　　　C．可靠性　　　　　D．移情性
4. 面对面服务的质量主要受（　　）因素的影响。
　　A．服务人员精神面貌
　　B．客户满意程度模式
　　C．服务内容和服务程序
　　D．产品生产模式

5. 消除服务质量标准与服务人员提供服务之间差异的措施是（　　）。

    A．做好服务的有形展示

    B．不乱承诺和隐瞒实情

    C．组织扁平化，减少沟通环节

    D．加强员工培训，使员工更胜任工作

6. 消除服务与外部沟通之间差异的措施是（　　）。

    A．组织扁平化，减少沟通环节

    B．加强员工培训，使员工更胜任工作

    C．做好服务的有形展示

    D．进行市场调研，收集客户信息

二、问答题

1. 沟通可以改善企业服务质量，请问沟通有哪些类型？

2. 简述实现有效沟通的四个重点环节。